DK 621.731.427:621.73.034

FORSCHUNGSBERICHTE
DES LANDES NORDRHEIN-WESTFALEN

Herausgegeben durch das Kultusministerium

Nr. 728

Dr.-Ing. Klaus Spies

Die Zwischenformen beim Gesenkschmieden
und ihre Herstellung durch Formwalzen

Als Manuskript gedruckt

WESTDEUTSCHER VERLAG / KÖLN UND OPLADEN

1959

ISBN 978-3-663-03497-1   ISBN 978-3-663-04686-8 (eBook)
DOI 10.1007/978-3-663-04686-8

Gliederung

0 Einführung	S.	5
1 Die geometrische Gestalt der Endformen, Zwischenformen und Ausgangsformen von Gesenkschmiedestücken	S.	8
11 Die Hauptgeometrie	S.	8
111 Entwicklung einer Formenordnung für die Endformen	S.	9
112 Die Gestaltung der Zwischenformen	S.	18
113 Die Bestimmung der Ausgangsform	S.	35
12 Die Fehlergeometrie	S.	48
121 Fehler des Gesenkschmiedestückes	S.	48
122 Fehler des Werkzeuges	S.	50
123 Fehler durch die Arbeitsfolge	S.	54
13 Zusammenfassung zu Abschnitt 1	S.	57
2 Die Formbildung an Zwischenformen durch Walzen	S.	58
21 Die Schmiedewalzmaschine	S.	59
22 Die geometrischen Vorgänge im Walzspalt	S.	61
221 Zylindrische Walzen	S.	61
222 Walzen mit veränderlichem Halbmesser	S.	64
223 Walzen mit eingeschnittenen Profilen	S.	65
23 Die Gestaltung der Walzwerkzeuge	S.	69
231 Walzprofile mit gleichbleibenden Querschnitten	S.	69
232 Walzprofile mit abgesetzten Querschnitten	S.	73
233 Walzprofile mit stetiger Querschnittsänderung	S.	79
234 Walzprofile mit Grat	S.	80
24 Zusammenfassung zu Abschnitt 2	S.	80
3 Walzversuche an Zwischenformen	S.	81
31 Walzversuche an einer Zwischenform mit abgesetzten, zur Längsachse symmetrischen Querschnitten	S.	82
311 Entwurf der Walzwerkzeuge	S.	83
312 Versuchsdurchführung	S.	83
313 Versuchsergebnisse und Auswertung	S.	86
314 Versuche mit Modellwerkstoffen	S.	91
315 Die Nutzanwendung der Versuchsergebnisse	S.	94

32 Walzversuche an einer Zwischenform mit zur Längsachse
   unsymmetrischen Ansätzen. . . . . S. 95

   321 Vorversuche mit Plastilin . . . . S. 96

   322 Walzversuche mit Stahl. . . . . S. 98

33 Zusammenfassung zu Abschnitt 3. . . . . S. 99

4 Gesamt-Übersicht . . . . S. 100

Literaturverzeichnis . . . . S. 102

Anhang. . . . . S. 107

0 Einführung

Seitdem das Gesenkschmieden, dessen Ursprung in der handwerklichen Schmiedekunst liegt, in der zweiten Hälfte des 19. Jahrhunderts eine zunehmende industrielle Bedeutung gewann, führte man schon nach verhältnismäßig kurzer Zeit für die <u>Gesenkschmiedemaschinen</u> wissenschaftliche Betrachtungsweisen ein[1] und entwickelte Meßverfahren, um ihre Eigenschaften kennenzulernen und verbessern zu können [2].

Den <u>Gesenkschmiedeverfahren</u> wurde dagegen wenig Beachtung geschenkt und ihre Weiterentwicklung in der Hauptsache dem Können und der Erfahrung der Meister überlassen. Einige Ansätze zu einer Behandlung nach wissenschaftlichen Grundsätzen wurden erst vor etwa zwei Jahrzehnten gemacht, aber auch diese führten - von wenigen Ausnahmen abgesehen - nicht zu allgemein anwendbaren Erkenntnissen, weil sie sich meist auf den einfachen Stauchvorgang beschränkten. In dieser Arbeit wird daher der Versuch unternommen, ein Teilgebiet, nämlich die Formbildung bei der Herstellung der Gesenkschmiedestücke, in systematischer Sicht darzustellen und einige sich daraus für die Praxis ergebende Schlüsse zu ziehen.

01 Verfahrensmerkmale des Gesenkschmiedens

Ein Gesenkschmiedestück entsteht durch die Umformung eines erwärmten Rohlings zwischen geteilten Formwerkzeugen. Die erforderliche Umformarbeit liefern Hämmer oder Pressen.

Die Formwerkzeuge - die sog. Gesenke - können offen, geschlossen oder mit einem Gratspalt versehen sein. Zwischen offenen Werkzeugen kann sich der Werkstoff quer zur Krafteinwirkung frei ausbreiten; geschlossene Werkzeuge lassen dagegen keinen Werkstoff an der Werkzeugtrennfläche austreten. Die für das Schmieden der Endformen am häufigsten benutzten Werkzeuge mit Gratspalt geben zwar dem Werkstoff die Möglichkeit, aus der Form auszutreten, er wird jedoch im Gratspalt so stark gebremst, daß er zunächst die Hohlräume des Werkzeuges ausfüllt. Erst wenn dieses geschehen ist, bildet sich aus dem Werkstoffüberschuß ein breiter Grat, der nach dem Gesenkschmieden entfernt wird und einen, allerdings unvermeidbaren Werkstoffverlust darstellt.

---

1. FISCHER widmete den Gesenkschmiedemaschinen in seinem im Jahre 1900 erschienenen Buch über die Werkzeugmaschinen einen ausführlichen Abschnitt [1]

02 Arbeitsstufen beim Gesenkschmieden, Begriffsbestimmungen

Je mehr Werkstoff verlagert werden muß, um aus dem Rohling ein Formteil herzustellen, umso schwieriger wird es, die Umformung in einem Arbeitsgang und in einem einzigen Werkzeug durchzuführen. Aus technischen und wirtschaftlichen Gründen zieht man es daher vor, die Umformung auf mehrere Arbeitsgänge und verschiedene Werkzeuge zu verteilen. Dadurch wird Energie und Werkstoff gespart und der Werkzeugverschleiß verringert; gleichzeitig ist eine Verbesserung der Form- und Maßgenauigkeit der Werkstücke möglich.

Die nach jeder Umformung - außer der letzten - erreichte Stufe bezeichnen wir mit Zwischenform; der Rohling stellt die Ausgangsform dar, das Gesenkschmiedestück selbst ist die Endform des Werkstückes innerhalb des betrachteten Fertigungsabschnittes, nämlich des Gesenkschmiedens [3]. In ähnlicher Weise lassen sich diese Bezeichnungen auch für andere Fertigungsabschnitte anwenden, wie es an einigen Beispielen in Abbildung 1 dargestellt ist. Die im praktischen Sprachgebrauch bisher üblichen Bezeichnungen "Vorform" und "Fertigform" sind ungenau und z.T. falsch. Unter der Fertigform ist nur das einbaufertige Werkstück zu verstehen. Da ein Gesenkschmiedestück in den meisten Fällen noch spanend weiterbearbeitet wird, kommt ihm diese Bezeichnung im allgemeinen nicht zu.

Eine Zwischenform ist die Form, die ein Werkstück nach einem abgeschlossenen Arbeitsvorgang, zu dem ein besonderes Werkzeug oder eine bestimmte Gruppe von Werkzeugen benutzt wurde, einnimmt. Die Formen eines Werkstückes während eines üblicherweise nicht unterbrochenen Arbeitsganges, nennen wir Augenblicksformen; hierzu gehören z.B. die Formen nach einzelnen Hammerschlägen bzw. Walzstichen.

03 Aufgabenstellung

Bevor wir uns mit der Gestaltung der Zwischenformen befassen, müssen wir uns zunächst einen Überblick über die Endformen der Gesenkschmiedestücke verschaffen und versuchen, diese zu ordnen. Für die einzelnen Gruppen der Endformen können dann allgemeingültige Gestaltungsregeln für die Zwischenformen entwickelt werden. Auf diesem Wege rückwärts gelangen wir zu den Ausgangsformen. In erster Linie wird uns die Hauptgeometrie der Formen interessieren, daneben wird es aber auch notwendig sein, in gewissem Umfang auf die Fehlergeometrie der Formen einzugehen, soweit das nicht schon an anderer Stelle geschehen ist [4].

Diese Gesichtspunkte werden im ersten Teil der Arbeit behandelt.

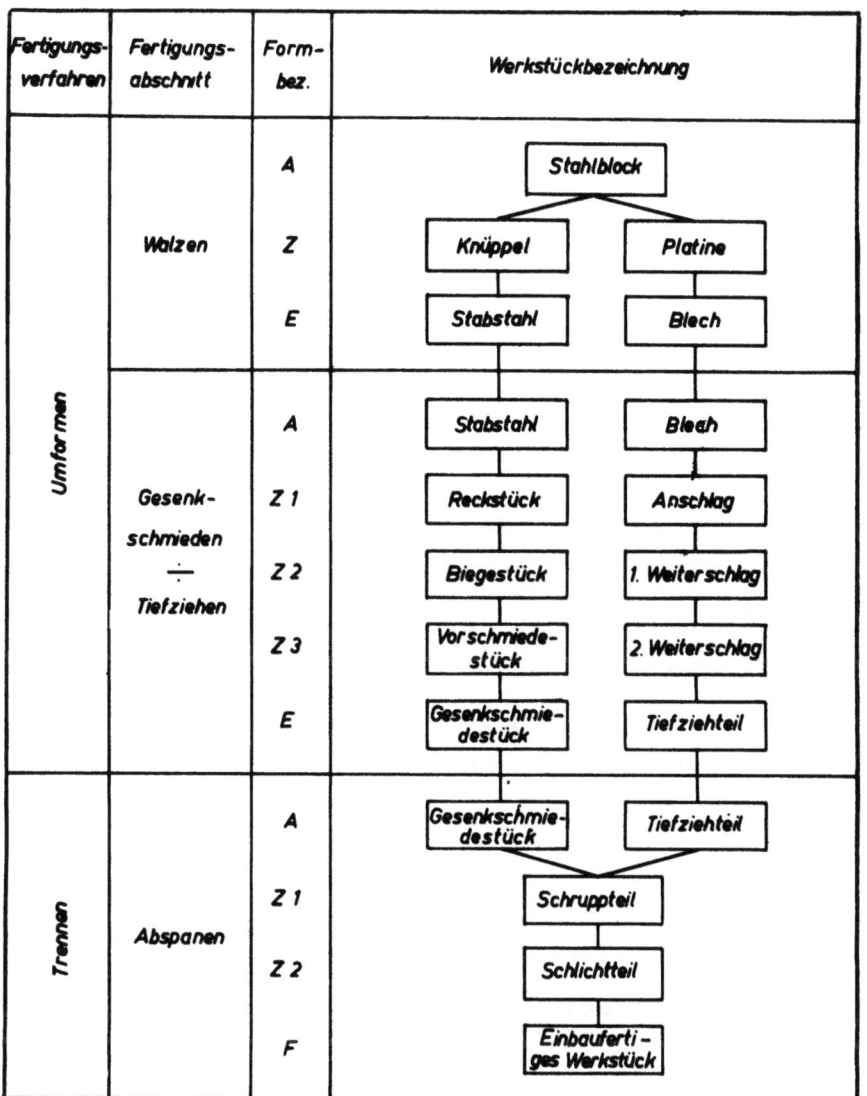

Abbildung 1

Formbezeichnungen bei der Fertigung von Werkstücken

A = Ausgangsform   Z = Zwischenform
E = Endform   F = Fertigform

Der zweite Teil ist der Herstellung der Zwischenformen vorbehalten. Hierfür kommen mehrere, z.T. recht unterschiedliche Verfahren in Frage. Da mit möglichst wenigen Zwischenformen geschmiedet werden soll, so kommt es darauf an, sie aufs wirtschaftlichste herzustellen. Dieser Forderung entspricht in hohem Maße das Formwalzen. Es hat in letzter Zeit größere Bedeutung gewonnen, bietet aber noch verschiedene Schwierigkeiten, besonders hinsichtlich der Gestaltung der Werkzeuge. Daher wurde der experimentelle Teil der Arbeit dem Formwalzen von Zwischenformen zu Gesenkschmiedestücken gewidmet.

Weil die Formänderungseigenschaften vieler für das Gesenkschmieden in Frage kommender Werkstoffe erheblich von denen des Stahls abweichen und außerdem der Anteil der aus Nichteisenmetallen hergestellten Gesenkschmiedestücke - zumindestens in Deutschland - noch verhältnismäßig klein ist, befaßt sich die Arbeit ausschließlich mit dem Gesenkschmieden von Stahl. Trotzdem wird es möglich sein, einen Teil der Erkenntnisse sinngemäß auf das Gesenkschmieden anderer Metalle zu übertragen.

1. Die geometrische Gestalt der Endformen, Zwischenformen und Ausgangsformen von Gesenkschmiedestücken

Die Geometrie ist die Lehre von den Formen. Für die Fertigung von Gegenständen unterteilt KIENZLE diesen Begriff, indem er die Lehre von der äußeren Form und den Maßen eines Werkstückes die <u>Hauptgeometrie</u> nennt, während er die unerwünschten, aber unvermeidlichen Abweichungen davon unter dem Begriff der <u>Fehlergeometrie</u> zusammenfaßt [5]. Unter diesen Gesichtspunkten soll das Gesenkschmiedestück zusammen mit seinen Zwischenformen und Ausgangsformen betrachtet werden.

11 Die Hauptgeometrie

Bei jeder gestaltenden Tätigkeit sind vier Gesichtspunkte zu beachten, von denen je nach der Art des Werkstückes der eine oder andere besondere Bedeutung gewinnt [6]:

1. Das Werkstück soll <u>funktionsgerecht</u> gestaltet werde; d.h. es muß im Hinblick auf seine spätere Verwendung die bestgeeignete Form erhalten.

2. Es soll <u>festigkeitsmäßig</u> richtig gestaltet werden. Werkstoff und Werkstückquerschnitte sind so zu wählen, daß die zu erwartenden Beanspruchungen ertragen werden können.

3. Seine Gestalt soll <u>fertigungstechnisch</u> günstig sein, so daß es mit den verfügbaren Mitteln möglichst wirtschaftlich herzustellen ist.

4. Die Form soll <u>schön</u> sein. Die Grundbedingung hierfür ist, daß den Gesichtspunkten 1 bis 3 in bestmöglicher Weise entsprochen wird.

Der Gesenkschmied betrachtet ein Werkstück vor allem unter fertigungstechnischen Gesichtspunkten. Seine erste Aufgabe besteht darin, das bestgeeignete Herstellverfahren zu bestimmen. Sieht man die Gestalt des Werkstückes als gegeben an, so lassen sich daraus gewisse Schlüsse auf die Art der Herstellung ziehen; z.B. wird man runde, scheibenförmige Werk-

stücke anders fertigen, als langgestreckte Hebel. Mit Hilfe eines geei
neten Ordnungssystems für die vorkommenden Werkstückformen könnten die
Überlegungen vereinfacht werden. Nicht selten sind eine oder mehrere
Zwischenformen erforderlich. Der zweite Schritt ist daher ihre Bestimm
Hier beginnt man zweckmäßig nicht mit der letzten, d.h. der der Endformen
am nächsten liegenden, sondern mit der ersten Stufe nach einer vorläuf:
angenommenen Ausgangsform, in der zunächst eine grobe Verteilung der
Werkstoffmassen vorgenommen wird (Massenverteilungs-Zwischenform). Dies
Zwischenform ist die wichtigste, weil bei ihrer Herstellung der größte
Teil der erforderlichen Werkstoffverlagerung vorgenommen wird. Viele
Endformen können ohne vorhergehende Massenverteilung überhaupt nicht
geschmiedet werden. Erst nach der Massenverteilungs-Zwischenform werden
die weiteren Zwischenformen, nämlich die Biegeform und die Querschnitts
vorbildungsform entworfen (s.Abschn.112).

Als dritter Schritt folgt die Festlegung der endgültigen Ausgangsform,
wobei zwei Gesichtspunkte zu berücksichtigen sind: ihre Werkstoffmenge
und die Gestalt ihres Querschnittes. Erst wenn man auf diese Weise ein
Muster-Verfahren entworfen hat, sollte man überlegen, wie dieses den be
trieblichen Gegebenheiten angepaßt werden kann. Dabei ist es durchaus
möglich, daß größere Änderungen notwendig werden. Auch Änderungen der
Endform können sich als wünschenswert ergeben; diese müssen dann zwi
schen Konstrukteur und Schmiedeingenieur besprochen werden.

Der vorliegende Abschnitt über die Hauptgeometrie ist in der beschriebe
nen Reihenfolge gegliedert.

111 Entwicklung einer Formenordnung für die Endformen

.1 Die Vorausbestimmung der Fertigungsgrößen

Die Mannigfaltigkeit der Formen der Gesenkschmiedestücke macht es auch
dem erfahrenen Gesenkschmied nicht leicht, im voraus das bestgeeignete
Herstellverfahren zu bestimmen, viel weniger den Werkstoffverbrauch,
sowie den Zeit- und Energieaufwand mit hinreichender Genauigkeit zu
schätzen. Versuche können wegen Mangel an Zeit und wegen der Kosten nur
in den seltensten Fällen durchgeführt werden. Andererseits sind diese
fertigungstechnischen Größen für die Vorkalkulation und eine sorgfältige
Arbeitsvorbereitung unbedingt erforderlich.

In der Abspantechnik ist man heute soweit, daß die für die Fertigung
wichtigen Größen (Kraft, Schnittgeschwindigkeit, Vorschub) mit verhält-

nismäßig großer Genauigkeit berechnet und damit die Herstellkosten im voraus bestimmt werden können. Die Verhältnisse liegen dabei insofern erheblich einfacher, weil nur die Größe und Form der abzuspanenden Flächen (eben, zylindrisch, kugelig usw.) interessiert und diese einzeln nacheinander bearbeitet werden können. Die Gesamtform des Werkstückes ist für die jeweils zu bearbeitende Fläche nur von zweitrangiger Bedeutung. Beim Gesenkschmieden muß dagegen die Gesamtform, die meist aus verschiedenen Formelementen aufgebaut ist, als Ganzes hergestellt werden. Daß die Vorausbestimmung der Fertigungsgrößen unter diesen Umständen ungleich schwieriger ist, ist leicht einzusehen. Trotzdem müssen Mittel und Wege gefunden werden, um auch hierfür ausreichend genaue Verfahren zu erhalten, insbesondere zur Bestimmung des Werkstoffverbrauches, des Arbeitsaufwandes, der Kräfte und Geschwindigkeiten.

2 Die Formenordnung als Hilfsmittel der Arbeitsvorbereitung

Ein wichtiger Schritt auf diesem Wege ist die Sichtung und Ordnung der Endformen der Gesenkschmiedestücke. Eine Formenordnung soll den Hauptteil der vorkommenden Werkstückformen erfassen; es muß ferner die Möglichkeit bestehen, diese zu verfeinern, so daß der einzelne Betrieb seinem Bedarf entsprechend weitere Untergruppen bilden kann. Die Formenordnung soll zur Erleichterung folgender Abschnitte der Arbeitsvorbereitung beitragen:

1. Bestimmung des Herstellverfahrens für die Endform

2. Festlegung der Zwischenformen und der Ausgangsform

3. Ermittlung der erforderlichen Werkstoffmenge unter Berücksichtigung der Gratverluste

4. Auswahl der geeigneten Werkzeuge und Maschinen

5. Bestimmung der erforderlichen Umformarbeit

6. Ermittlung der Stückzeit.

Da eine Formenordnung für Gesenkschmiedestücke schon seit längerer Zeit als notwendig erkannt worden war, so wurden mancherlei Vorschläge dafür gemacht. Einige beschränkten sich auf einen bestimmten Verwendungszweck, z.B. auf die Ermittlung der Werkstoffmenge. Hierzu gehören die Formenordnungen von HALLER [7], MORGENROTH [8] und KRUSE [9], die alle auf eine im letzten Kriege durchgeführte Erhebung über den Werkstoffbedarf für Gesenkschmiedestücke zurückgehen; sie gleichen sich daher weitgehend. Als Ordnungsgesichtspunkte wurden außer der Endform des Werkstückes auch die Herstellverfahren und Maschinen benutzt. HALLER verwendete die Formenordnung ferner zur Bestimmung der Mengenleistung [10].

Die Formenordnung der Drop Forging Association der USA [11] geht dagegen ausschließlich von der Grundform der Werkstücke aus (Abb.2).

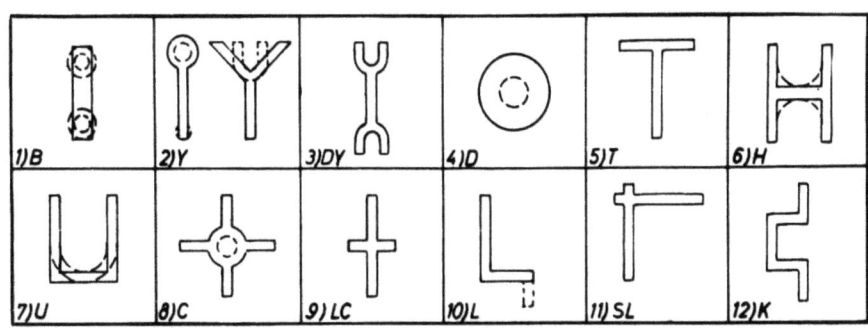

Abbildung 2

Amerikanische Formenordnung für Gesenkschmiedestücke (nach [11])

1) Stabform   (Bar)
2) Gabel   (Y)
3) Doppelgabel (Double Y)
4) Scheibe   (Disc)
5) T-Form   (T)
6) H-Form   (H)
7) U-Form   (U)
8) Kreuz   (Cross)
9) Langkreuz   (Long Cross)
10) L-Form   (L)
11) Breitkreuz (Spread-L)
12) Kröpfung   (Crank)

Auch BRUCHANOW und REBELSKI [12] benutzten die Grundform des Werkstückes als Hauptmerkmal, nahmen aber die Gesenkschmiedemaschinen als weitere Ordnungsgesichtspunkte hinzu. Außerdem entwickelten sie Formenordnungen für Fließpressteile, Biegeteile usw.

Die wichtigsten Gruppenmerkmale ihrer Formenordnung sind:

1. die Form der Trennlinie,
2. die Form der Schwerpunktlinie und
3. Die Form der Hauptachse des Werkstückes in Richtung der Werkzeugbewegung gesehen.

Schließlich sei erwähnt, daß CHRSCHANOWSKI auch eine Formenordnung für Freiformstücke aufstellte [13].

Die genannten Vorschläge für Formenordnungen haben den Nachteil, daß sie entweder zu eng auf ein bestimmtes Anwendungsgebiet zugeschnitten sind oder daß ihnen die Übersichtlichkeit fehlt. Gegen die Ordnungen, die nach den Maschinen ausgerichtet sind, läßt sich einwenden, daß sie gerade das vorwegnehmen, was mit ihnen erreicht werden soll, nämlich die Auswahl der günstigsten Maschine.

Es soll daher versucht werden, eine weitgreifende und übersichtliche Formenordnung aufzustellen, die möglichst allen Anforderungen genügt und sich leicht einprägt. Da die **Allgemeingültigkeit** nicht unbedingt von vorn herein anzunehmen ist, so soll sie vor allem die Forderungen 1) bis 3) erfüllen. Sie darf nicht zu sehr ins Einzelne gehen, soll aber - wie oben gefordert - den Rahmen für eine weitere Gliederung einzelner Abschnitte darstellen; dies wird an einem Beispiel gezeigt werden.

.3 Vorschlag für eine Formenordnung

Die in Abbildung 3 dargestellte Formenordnung enthält drei Formenklassen. Zur Klasse 1 gehören die sogenannten gedrungenen Teile, d.h. Werkstücke, deren Hauptmaße in den drei Raumebenen annähernd gleich sind. Die Zahl der Werkstücke in dieser Klasse ist verhältnismäßig klein; sie umfaßt hauptsächlich Teile mit kugelähnlicher und würfelförmiger Gestalt, außerdem zylindrische Formen mit einem Maßverhältnis $\frac{d}{h} \approx 1$.

Zur Formenklasse 2 gehören Werkstücke mit zwei etwa gleichen und einem kleineren Hauptmaß, d.h. Scheiben von runder, quadratischer und ähnlicher Form (Typenbezeichnung: Scheibenform). Auf diese Klasse entfällt ein wesentlich größerer Anteil der Schmiedestückformen; es mögen etwa 30 % sein.

Die Formenklasse 3 umfaßt alle Werkstücke, bei denen ein Hauptmaß größer als die beiden übrigen ist, d.h. alle länglichen Endformen (Typenbezeichnung: Langform). Diese Klasse ist die weitaus größte und enthält rund 2/3 aller vorkommenden Schmiedestückformen.

Wir können diesen Rahmen mathematisch vollständig erfassen, indem wir in üblicher Weise Länge, Breite und Höhe mit l, b und h bezeichnen, wobei definitionsgemäß

$$l \geq b \geq h$$

sein soll. Dann sind die Formenklasse durch folgende Symbole gekennzeichnet:

Formenklasse 1: $l \approx b \approx h$
2: $l \approx b > h$
3: $l > b \geq h$

In der 3.Klasse sind die kombinatorisch möglichen Klassen

$l > b \approx h$ und
$l > b > h$

zusammengefaßt.

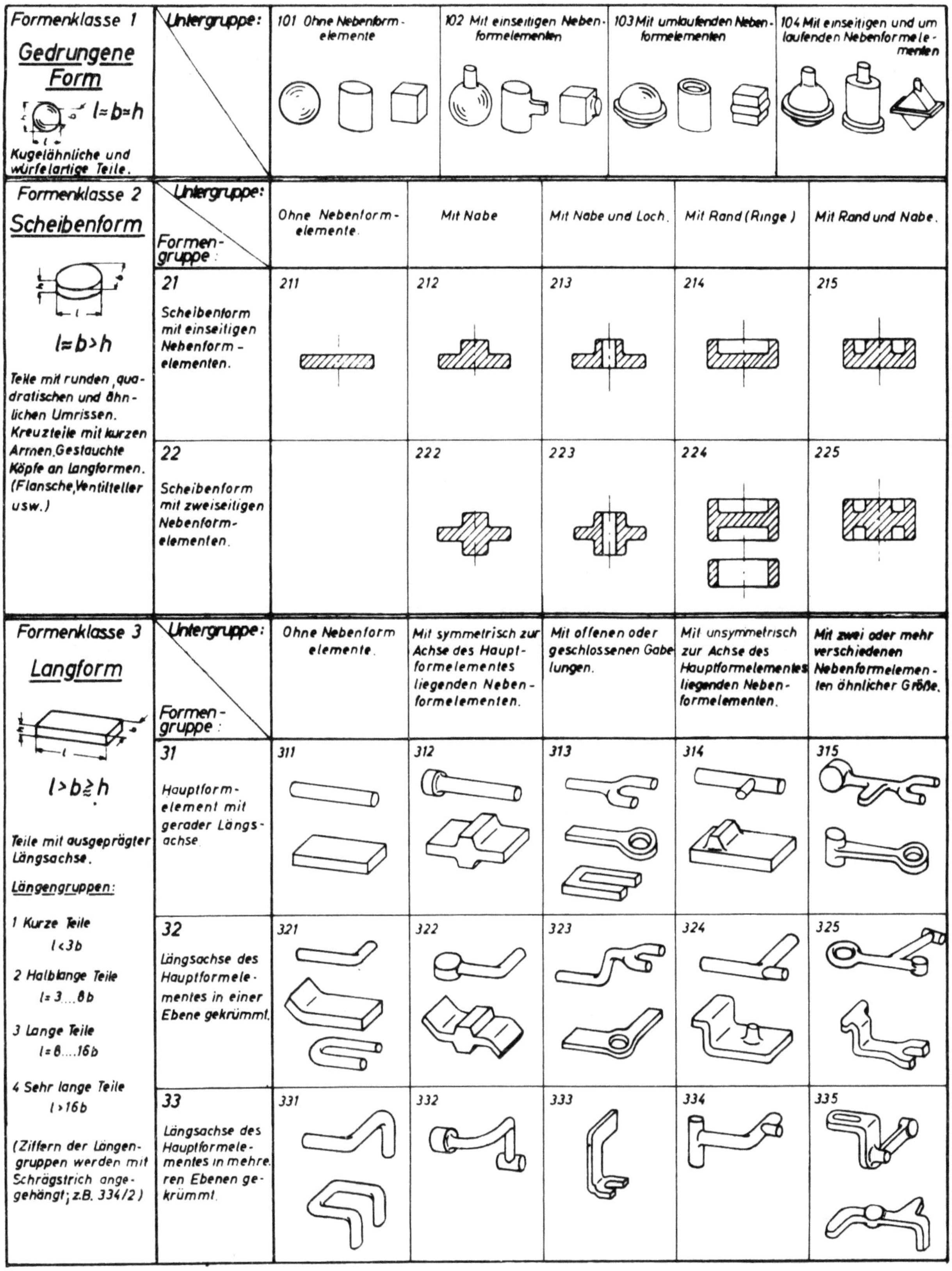

Formenklasse 1 **Gedrungene Form** $l \approx b \approx h$ Kugelähnliche und würfelartige Teile.	Untergruppe:	101 Ohne Nebenform-elemente	102 Mit einseitigen Neben-formelementen	103 Mit umlaufenden Neben-formelementen	104 Mit einseitigen und um laufenden Nebenformele-menten

Formenklasse 2 **Scheibenform** $l \approx b > h$ Teile mit runden, quadratischen und ähnlichen Umrissen. Kreuzteile mit kurzen Armen. Gestauchte Köpfe an Langformen. (Flansche, Ventilteller usw.)	Untergruppe: Formengruppe:	Ohne Nebenform-elemente.	Mit Nabe	Mit Nabe und Loch.	Mit Rand (Ringe)	Mit Rand und Nabe.
	21 Scheibenform mit einseitigen Nebenform-elementen.	211	212	213	214	215
	22 Scheibenform mit zweiseitigen Nebenform-elementen.		222	223	224	225

Formenklasse 3 **Langform** $l > b \gtreqless h$ Teile mit ausgeprägter Längsachse. Längengruppen: 1 Kurze Teile $l < 3b$ 2 Halblange Teile $l = 3...8b$ 3 Lange Teile $l = 8...16b$ 4 Sehr lange Teile $l > 16b$ (Ziffern der Längen-gruppen werden mit Schrägstrich ange-hängt; z.B. 334/2)	Untergruppe: Formengruppe:	Ohne Nebenform elemente.	Mit symmetrisch zur Achse des Haupt-formelementes liegenden Neben-formelementen.	Mit offenen oder geschlossenen Gabe-lungen.	Mit unsymmetrisch zur Achse des Hauptformelementes liegenden Neben-formelementen.	Mit zwei oder mehr verschiedenen Nebenformelemen-ten ähnlicher Größe.
	31 Hauptform-element mit gerader Längs-achse	311	312	313	314	315
	32 Längsachse des Hauptformele-mentes in einer Ebene gekrümmt.	321	322	323	324	325
	33 Längsachse des Hauptformele-mentes in mehre-ren Ebenen ge-krümmt.	331	332	333	334	335

Abbildung 3

Formenordnung für Gesenkschmiedestücke

Diese mathematische Ordnung genügt jedoch nicht, denn danach kann der Raum in den drei Richtungen außer in Rechteck- oder Kreisform auch sternförmig, kreuzförmig oder in Kombinationen daraus von Werkstoff ausgefüllt sein. Um diese Schwierigkeit zu umgehen, erweist es sich als zweckmäßig, sich ein gegebenes Werkstück in Formelemente zerlegt vorzustellen. In den meisten Fällen ist ein Hauptformelement vorhanden, welches bestimmend für das Werkstück ist; das kann beispielsweise ein Würfel, eine Scheibe oder ein Stab mit beliebigem Querschnitt sein. Die übrigen Formelemente sind an das Hauptformelement angesetzt zu betrachten. Wenden wir die obige mathematische Ordnung nur auf die Hauptformelemente an, so können wir als weiteren Ordnungsgesichtspunkt innerhalb der drei Formenklassen die unterschiedliche Gestalt der Nebenformelemente und deren Lage zum Hauptformelement einführen. Dieser Ordnungsgesichtspunkt reicht für eine zufriedenstellende Gliederung der beiden ersten Formenklassen aus.

Für die Formenklasse 3 erwiesen sich dagegen zwei zusätzliche Ordnungsgesichtspunkte als notwendig. Der eine betrifft die Krümmung des Hauptformelementes. Es wurde unterschieden nach Hauptformelementen mit:

1. gerader Längsachse
2. in einer Ebene gekrümmter Längsachse
3. in mehreren Ebenen gekrümmter Längsachse.

Der andere Ordnungsgesichtspunkt bezieht sich auf das Verhältnis Länge zu Breite des Hauptformelementes. Danach wurden 4 verschiedene Längengruppen eingeteilt:

1. kurze Teile $l < 3\,b$
2. halblange Teile $l = 3\ldots 8\,b$
3. lange Teile $l = 8\ldots 16\,b$
4. sehr lange Teile $l > 16\,b$

Die Form und Lage der Trennfläche (Gratfläche) ist nicht als Ordnungsgesichtspunkt brauchbar. Zwar ist sie bei den gedrungenen Formen und Scheiben meistens durch die Gestalt des Werkstückes vorgegeben, aber bei den Langformen bestehen oft mehrere Möglichkeiten zur Anordnung der Trennfläche. Durch den Verzicht auf diesen Ordnungsgesichtspunkt bleibt dem Benutzer der Formenordnung die Freiheit in der Wahl des Herstellverfahrens erhalten.

Bei der Anwendung der Formenordnung sind einige Regeln zu beachten:

1. Geringfügige Querschnittswechsel des Hauptformelementes werden vernachlässigt; das gilt für abgesetzte als auch für fortlaufende Querschnittsübergänge (Kegel, Neigungen).

2. Bei Hauptformelementen mit gekrümmter Längsachse gilt als Längenmaß die Bogenlänge.

3. Alle Werkstücke mit einem oder mehreren Nebenformelementen <u>gleicher</u> Art gehören in eine Untergruppe (z.B. Werkstücke mit ein oder zwei Gabelungen).

4. Hat ein Werkstück zwei oder mehrere Nebenformelemente <u>verschiedener</u> Art, so wird es jeweils in die letzten Untergruppen mit den höchsten Kennziffern eingereiht (104, 215, 315 usw.)

5. Wenn ein Werkstück Nebenformelemente verschiedener Art besitzt, von denen einige wesentlich kleiner als die übrigen und auch im Verhältnis zum Hauptformelement als verhältnismäßig klein anzusehen sind, so werden sie bei der Einordnung vernachlässigt.

Im einzelnen ist zu den Formenklassen noch folgendes zu bemerken:

Zur Formenklasse 1 gehören u.a. auch Teile (Partien) von Werkstücken, die für sich allein - z.B. durch Anstauchen - hergestellt werden und den Bedingungen der Formenklasse entsprechen. Das gleiche gilt auch für die Formenklasse 2; hierhin gehören z.B. gestauchte Ventilteller, Flansche an Wellen usw. Außerdem enthält diese Klasse Kreuzteile mit verhältnismäßig kurzen Armen.

Teile der Formenklasse 3 mit unsymmetrischen Ansätzen (Grundformen 314, 324 und 334) sind dann verhältnismäßig einfach herzustellen, wenn es möglich ist, die Ansätze in Richtung der Werkzeugbewegung zu legen; in diesem Falle füllt der Werkstoff den Gravurhohlraum leicht aus. Müssen die Ansätze dagegen quer zur Werkzeugbewegung gelegt werden, so ist eine besonders sorgfältige Zwischenformung erforderlich und der Werkstoffverbrauch wird größer. Befindet sich ein unsymmetrischer Ansatz am Ende des Werkstückes, so läßt sich dieser oft leichter durch Biegen des Hauptformelementes erzeugen; in diesem Fall gehört das Teil in eine entsprechende Untergruppe der Formengruppen 32 bzw. 33.

Schwierigkeiten bei der Einordnung in die Formenordnung können sich u.U. bei kurzen Werkstücken mit verwickelten Formen und starken Querschnittswechseln ergeben. Teile dieser Art versucht man je nach ihren Hauptmaßen in die Untergruppen 104, 215/225 oder 315/325/335 einzufügen.

Wenn Werkstücke in zwei Richtungen geschmiedet werden, womit meistens auch ein wiederholtes Abgraten verbunden ist, so wird die im ersten Schmiedegang zu erzielende Zwischenform ihrer eigenen Untergruppe zugeordnet (Abb.4), während die Endform u.U. einer anderen Untergruppe, Gruppe oder Klasse zugehört. Diese Regelung gilt z.B. auch dann, wenn an eine im Gesenk geschmiedete Welle später ein Flansch angestaucht wird.

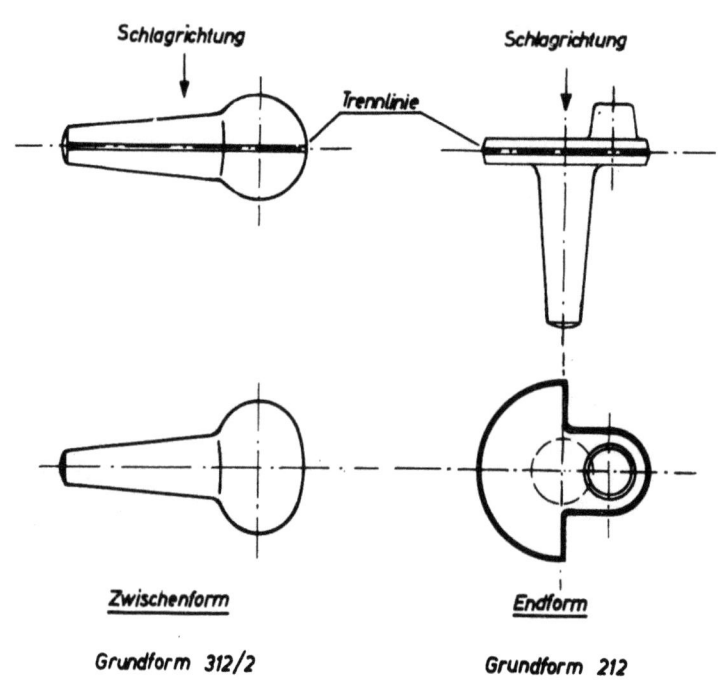

A b b i l d u n g 4

Kurbelschwinge in zwei Richtungen geschmiedet, zweimal abgegratet. Zwischenform und Endform gehören zu verschiedenen Formenklassen

Wenn man die Formenordnung nach diesen Grundsätzen anwendet, so läßt sich der größte Teil aller Werkstückformen gut einordnen. Anhang 1 enthält eine Reihe von praktischen Beispielen dafür. Es lohnt sich nicht, sich um die Einordnung des Restes weiter zu bemühen, denn es besteht die Gefahr, daß dadurch das System gesprengt wird oder zumindest die Übersichtlichkeit verloren geht.

Daß diese Formenordnung den Rahmen zu weiteren Unterteilungen abgeben kann, sei an einem Beispiel für Werkstücke der Formenklasse 2 dargestellt (Anhang 2). Das Ordnungssystem enthält die runden Scheibenformen 211 bis 225 und außerdem die zylindrische Grundform 101. Als Ordnungsgesichtspunkte dienten die Maßverhältnisse:

$$\frac{d_1}{h_1}, \quad \frac{d_1}{d_2} \quad \text{und} \quad \frac{h_1}{h_2} \qquad {}^{2)}$$

Betrachtet man beispielsweise das Großfeld für die Grundform 212 (Scheibe mit Nabe) oben links, so ist dieses in vier kleinere Felder aufgeteilt; diese umfassen die Maßverhältnisse:

$$\frac{\text{Scheibendurchmesser}}{\text{Gesamthöhe}} = \frac{d_1}{h_1} = \begin{array}{l} 0,63\ldots\ldots1,0\ldots1,6 \\ 1,6\ \ \ldots\ldots2,5\ldots4 \\ 4\ \ \ \ \ \ \ldots\ldots 6,3\ldots 10 \\ 10\ \ \ \ \ \ \ldots\ldots 16\ \ \ldots 25 \end{array}$$

Gezeichnet wurde jeweils ein Werkstück mit den mittleren Maßverhältnissen 1,0; 2,5; 6,3 und 16. Jedes kleine Feld umschließt von links nach rechts die Maßverhältnisse:

$$\frac{\text{Scheibendurchmesser}}{\text{Nabendurchmesser}} = \frac{d_1}{d_2} \quad \text{von 16 bis 1,0}$$

und von oben nach unten die Maßverhältnisse:

$$\frac{\text{Gesamthöhe}}{\text{Scheibenhöhe}} = \frac{h_1}{h_2} \quad \text{von 1,0 bis 16}$$

Für die gezeichneten Beispiele wurden jeweils die eingerückten, groß geschriebenen Maßverhältniszahlen benutzt, d.h. 1,6; 4 und 10. Auf diese Weise liegen die Maßverhältnisse der gezeichneten Formen jeweils genau in der Mitte des Bereiches, den sie vertreten; seine Grenzen werden durch die klein geschriebenen Verhältniszahlen links und rechts, bzw. oben und unten angegeben.

Selbstverständlich können auch in diesem System nicht alle Maßverhältnisse berücksichtigt werden; es sind gewisse Vereinfachungen vorzunehmen, um die Ordnung übersichtlich zu halten; z.B. werden Teile, deren Rand und Nabe verschiedene Höhe haben, ebenso eingeordnet, wie Teile, bei denen diese Maße gleich sind. In ähnlicher Art lassen sich auch für die übrigen Grundformen der Formenordnung weitere Unterteilungen durchführen. Wenn dabei Maße als Ordnungsgesichtspunkte verwendet werden, sollte man grundsätzlich Normzahlen benutzen.

---

2. Die Firma Heinr. Jung & Sohn, Halver/Westf. stellte dem Verfasser ihr fast gleichartiges Ordnungssystem, dessen sie sich mit großem Erfolg bedient, in dankenswerter Weise zur Verfügung

112 Die Gestaltung der Zwischenformen

Es ist nun zu untersuchen, welche Anforderungen im Einzelnen an die Zwischenformen gestellt werden. Wie schon kurz erwähnt wurde, sollen sie folgende Zwecke erfüllen:

1. Massenverteilung   (Zwischenform Z_M)
2. Biegen   (Zwischenform Z_B)
3. Querschnittsvorbildung   (Zwischenform Z_Q)

Diese Teilbereiche unterscheiden sich grundsätzlich voneinander und erfordern in der Regel verschiedene Arbeitsverfahren und Werkzeuge. Abbildung 5 zeigt am Beispiel eines Hebels die verschiedenen Umformstufen. Je nach der Gestalt der Endform kann manchmal auf die eine oder andere Zwischenform verzichtet werden oder man vereinigt mehrere Zwischenformstufen in einem Werkzeug. Auch wird bisweilen die Reihenfolge der Zwischenformen Z_B und Z_Q vertauscht, wobei an die Stelle des Biegens u.U. ein Verdrehen treten kann.

Natürlich gibt es eine große Anzahl Schmiedestücke, bei denen die gesamte Umformung im Endwerkzeug allein durchgeführt wird; das gilt besonders für kleine Teile und solche, die nur in geringen Stückzahlen gefertigt werden. Bei größeren Stücken müssen aber die einzelnen Umformstufen, je mehr man sich einer Massenfertigung nähert, umso sorgfältiger voneinander getrennt werden, wenn die Fertigung wirtschaftlich gestaltet werden soll.

.1 Die Massenverteilung (Zwischenform Z_M)

Zweck der Massenverteilung ist es, den Werkstoff der Ausgangsform entlang der Hauptachse der Endform so zu verteilen, daß die Größe des Zwischenformquerschnittes dem Endformquerschnitt einschließlich des erforderlichen Gratquerschnittes entspricht. Dabei braucht die Form der Querschnittsfläche dieser Zwischenform nicht genau der des Endquerschnittes zu gleichen, besonders dann nicht, wenn jener stark gegliedert ist. Es genügt zunächst eine symmetrische Verteilung des Querschnittes um die Längsachse in runder, viereckiger oder rechteckiger Form. Ein Grat darf sich noch nicht bilden.

Durch diese Zwischenform soll nicht nur erreicht werden, daß an keiner Stelle der Endform ein unnötig breiter Grat entsteht, sondern auch, daß in den nachfolgenden Werkzeugen kein Werkstoff mehr in Richtung der Werkstücklängsachse fließen muß; denn je länger die Hauptachse im Verhältnis zu den übrigen Abmessungen ist, umso größer wird der Fließwider-

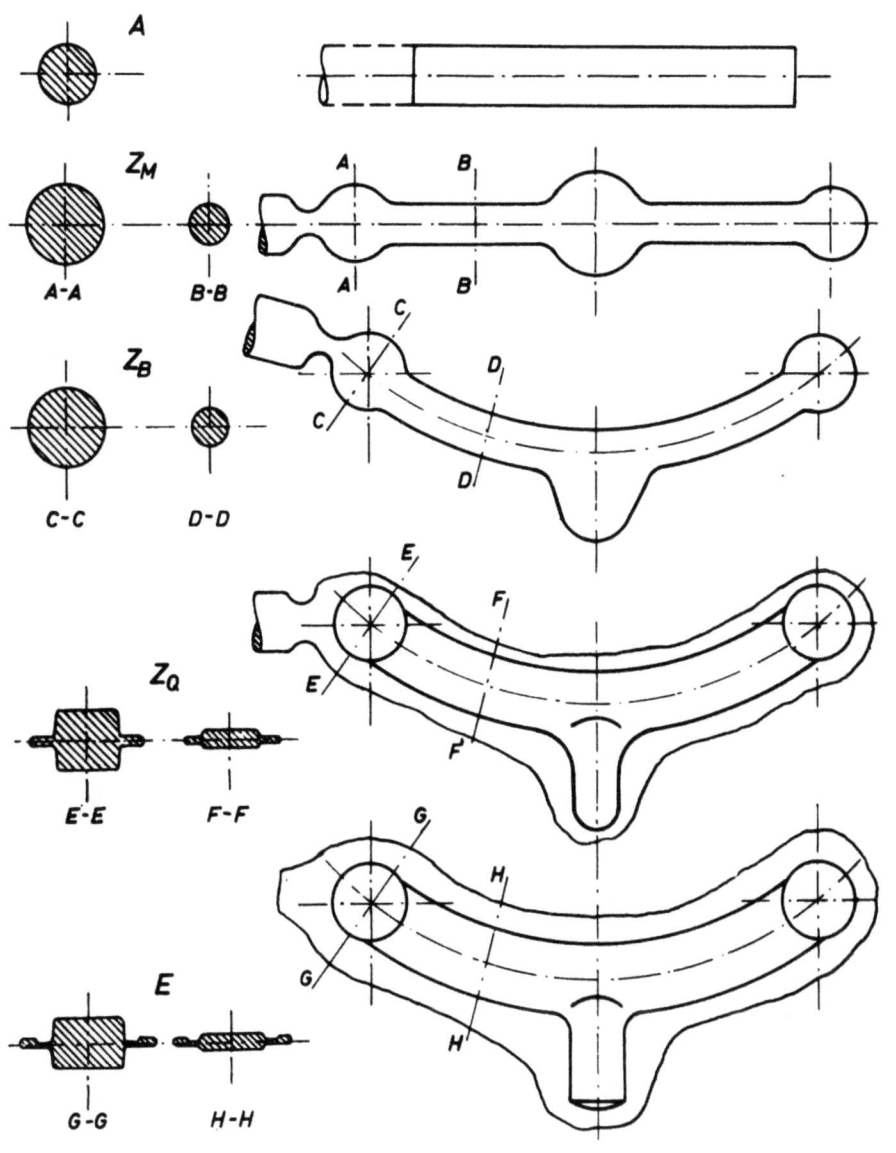

Abbildung 5

Aufteilung der Umformvorgänge auf die Zwischenformen

A = Ausgangsform (Walzprofil)
Z_M = Zwischenform (Massenverteilung)
Z_B = Zwischenform (Biegen)
Z_Q = Zwischenform (Querschnittsvorbildung)
E = Endform (Gesenkschmiedestück mit Grat)

stand des Werkstoffes in dieser Richtung. Auf Grund der Fließgesetze versucht er stets, senkrecht zur Längsachse auszuweichen [14]. Erst wenn ihm dieser Weg zunächst durch die Gesenkwand und dann durch den engen Gratspalt versperrt wird, beginnt er in Längsrichtung zu fließen; dabei entwickeln sich hohe Reibungskräfte, die zum frühen Verschleiß der Gravur führen.

Bei Werkstücken der Formklassen 1 und 2, die keine ausgesprochene Längsachse quer zur Werkzeugbewegung haben, braucht auf die Massenverteilung nicht so großer Wert gelegt zu werden wie bei den Langformen, denn bei den üblichen Ausgangsformen (kurze Abschnitte von Walzprofilen) fließt der Werkstoff nach allen Seiten und füllt das Gesenk gleichmäßig aus. Sind jedoch in Umformrichtung hohe Naben, Zapfen oder Rippen herzustellen, so kann auch hier mitunter auf eine Massenverteilung nicht verzichtet werden.

Bisher wurden die Massenverteilungsformen in den meisten Fällen nur nach Gefühl entworfen oder sogar dem Schmied am Hammer überlassen. Es empfiehlt sich jedoch, ihnen erhöhte Aufmerksamkeit zuzuwenden, wenn sie ihren Zweck wirklich erfüllen sollen. Wie sich bei den verschiedenen Untersuchungen gezeigt hat, ist für den Entwurf der Zwischenform Z_M das Massenverteilungsschaubild in besonderer Weise geeignet. Es läßt sich meistens mit geringer Mühe zeichnen und gibt einen guten Überblick über die Massenverteilung des Werkstückes. Im folgenden wird in erster Linie die Entwicklung des Massenverteilungsschaubildes und die Konstruktion der Zwischenform Z_M für Langformen behandelt werden. Die hierbei gewonnenen Erkenntnisse lassen sich z.T. auf die übrigen Werkstückformen anwenden.

Abbildung 6 zeigt am Beispiel einer Fahrradkurbel, einem einfachen Werkstück der Grundform 312, wie das Massenverteilungsschaubild entsteht. In passenden Abständen wird die Größe der senkrecht zur Längsachse der Endform liegenden Querschnitte gemessen und über der Länge l des Werkstückes aufgetragen; dabei müssen die Querschnitte der Seitenschrägen und Rundungshalbmesser berücksichtigt werden. Als Unterlage dazu dient im allgemeinen die Schmiedestückzeichnung; es kann aber auch ein Musterstück oder ein Abguß eines vorhandenen Endwerkzeuges verwendet werden.

In der Regel ist es zweckmäßig, die Querschnitte in einem verkleinerten, linearen Maßstab aufzutragen; die Meßpunkte werden durch einen Kurvenzug miteinander verbunden. Die Fläche unter der Kurve stellt das Volumen der Endform V_E dar und das Gewicht beträgt:

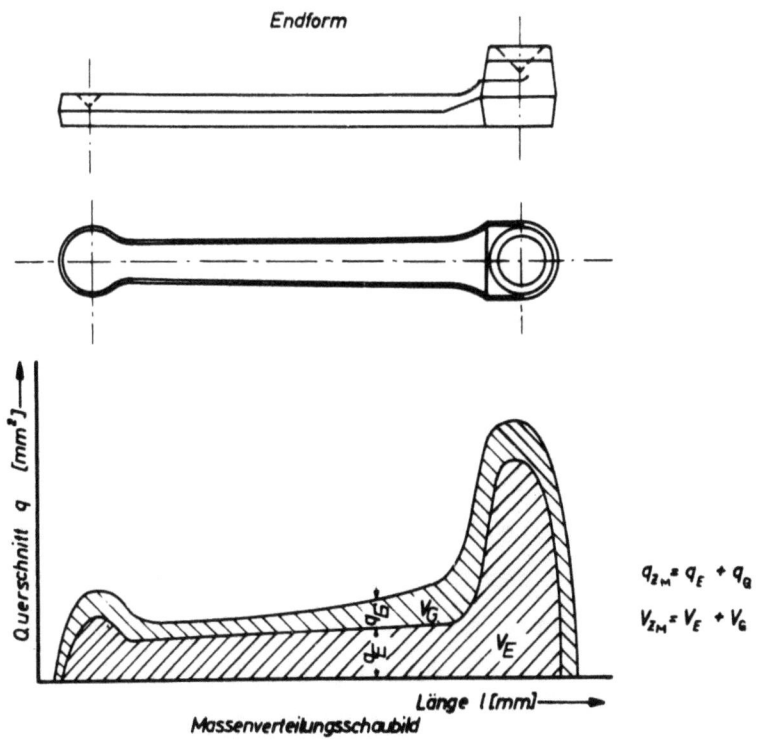

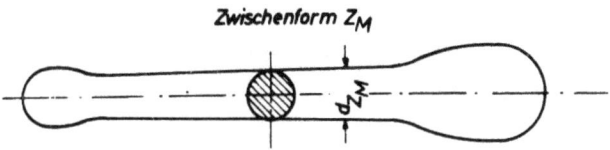

Abbildung 6

Konstruktion der Massenverteilungs-Zwischenform Z_M für eine Fahrradkurbel mit Hilfe des Massenverteilungsschaubildes (Grundform 312/3)

$$G_E = V_E \cdot \gamma \cdot 10^{-6} \; [\text{kg}]$$

Bei bekanntem Werkstückgewicht dient diese Rechnung zur Überprüfung des Massenverteilungsschaubildes.

Anschließend werden die erforderlichen Gratquerschnitte q_G, auf die später noch einzugehen ist, in das Schaubild eingetragen und ebenfalls durch eine Kurve miteinander verbunden. Nun kann aus dem Massenverteilungsschaubild durch Abgreifen der Querschnitte

$$q_{Z_M} = q_E + q_G$$

die Zwischenform Z_M konstruiert werden.

Auch BRUCHANOW und REBELSKI [12] schlagen die Benutzung des Massenverteilungsschaubildes vor. Sie entwickeln aber aus der gegebenen Endform zunächst einen sogenannten theoretischen Rohling, d.h. eine Zwischenform mit kreisförmigen Querschnitten und benutzen das Massenverteilungsschaubild erst in zweiter Linie. Nach Ansicht des Verfassers ist das letztere jedoch vorzuziehen, weil es ohne Umrechnung der Querschnitte sofort eine genaue Übersicht gibt und die Möglichkeit bietet, beim Entwurf der Zwischenform Z_M den Ausgangsquerschnitt und das Herstellverfahren zu berücksichtigen.

In der oben beschriebenen Weise können auch die Massenverteilungsschaubilder für Langformen mit Gabelungen (Grundform 313) gezeichnet werden; dabei sind die Querschnitte der Gabelschenkel zusammenzufassen. Beim Eintragen der Gratquerschnitte muß der breite Gratspiegel zwischen den Schenkeln berücksichtigt werden. Während die Zwischenform Z_M für Werkstücke mit geschlossener Gabelung (z.B. Pleuelstangen mit angeschmiedetem Lagerdeckel) im allgemeinen unmittelbar nach dem Massenverteilungsschaubild konstruiert werden kann, ist bei Teilen mit offener Gabelung meistens eine Verbesserung der Zwischenform notwendig, weil sonst die Gefahr besteht, daß der Werkstoff am äußeren Ende des Kopfes nicht mehr in die Gabelschenkel, sondern in den Grat fließt (Abb.7). Der Kopf wird kürzer und ungefähr als Rechteck ausgeführt, außerdem erhält er einen rechteckigen Querschnitt. Ein geringfügiges Fließen des Werkstoffes in Werkstücklängsrichtung muß dabei in Kauf genommen werden.

Für Werkstücke der Grundform 314 wird die Zwischenform Z_M im allgemeinen so konstruiert, daß der Werkstoff für einen unsymmetrisch angeordneten Ansatz zunächst symmetrisch um die Längsachse angesammelt wird (Abb.8a). Wenn die Trennfläche so gelegt werden muß, daß der Ansatz quer zur Werkzeugbewegung steht, muß der Werkstoff durch einen Biegevorgang in die richtige Lage gebracht werden (s.Abschn.112 .2). Nur bei verhältnismäßig großen Vorsprüngen ist schon bei der Massenverteilungs-Zwischenform eine einseitige Werkstoffansammlung vorzusehen (Abb.8b).

Teile mit sehr langem Vorsprung werden möglichst in zusammengelegtem Zustand als gegabelte Werkstücke geschmiedet (Abb.8c). Dementsprechend wird auch die Zwischenform Z_M entworfen. Nach der Querschnittsvorbildung oder nach der Endformung biegt man den Ansatz in die richtige Stellung.

Für Teile der Grundform 315 gilt sinngemäß das für die Grundformen 312 bis 314 Gesagte.

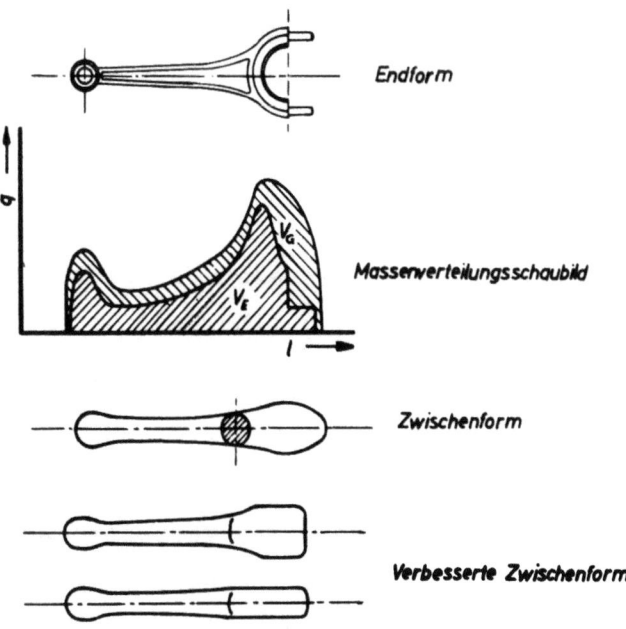

Abbildung 7

Verbesserte Massenverteilungs-Zwischenform Z_M für eine Pleuelstange
(Grundform 313/3)

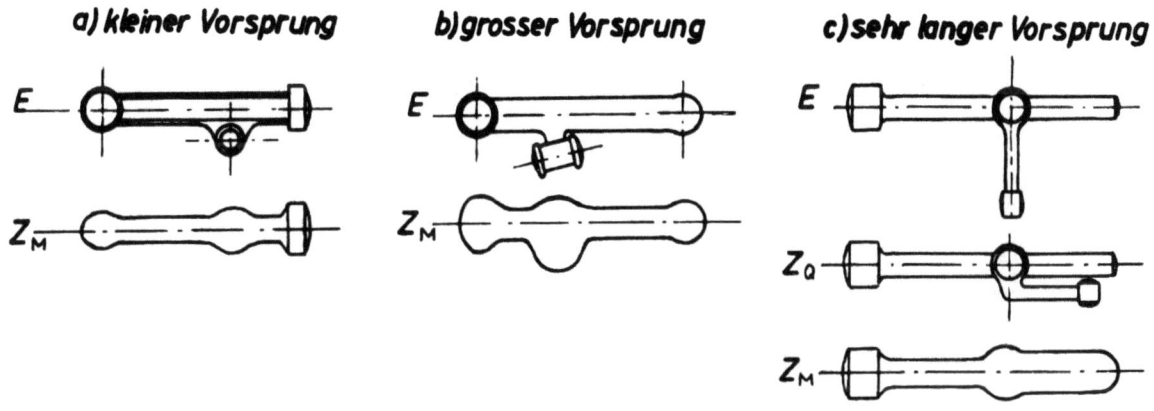

Abbildung 8

Massenverteilungs-Zwischenformen Z_M für Werkstücke mit einseitigen
Vorsprüngen (Grundform 314)

Um die Massenverteilungsschaubilder für Werkstücke mit gekrümmter Längsachse (Formgruppen 32 und 33) entwerfen zu können, zeichnet man diese Teile zweckmäßig zunächst in gestreckter Form auf. Bei großen Krümmungshalbmessern genügt es im allgemeinen, die Bogenlänge der Hauptachse als Werkstücklänge einzusetzen. Wenn es bei langen Werkstücken darauf ankommt die Länge genau einzuhalten, so ist zu berücksichtigen, daß sich die Faser mit unveränderter Länge beim Biegen zwischen der Mittelachse des Werkstückes und dem inneren Werkstückrand befindet. Ihre genaue Lage läßt sich nur durch Versuche feststellen, weil die Reibungseinflüsse im Biegewerkzeug von Fall zu Fall verschieden sind. Als Näherungswert für den Abstand der neutralen Faser von der inneren Werkstückkante verwenden BRUCHANOW und REBELSKI [12] den Wert $\frac{b}{3}$ (Abb.9a).

Unter kleinen Krümmungshalbmessern versteht man solche, deren Krümmungsmittelpunkte nahe der inneren Werkstückkante liegen. Hierbei wird die Länge des Krümmungsbogens der Hauptachse l_2 als Teillänge für die gestreckte Darstellung gewählt (Abb.9b). Man verteilt das Volumen dieses Abschnittes gleichmäßig über die Länge l_2 und entwirft dementsprechend die Zwischenform Z_M; beim späteren Biegen wird der Werkstoff dann in die richtige Lage gebracht.

Für Teile mit mehrfach gekrümmter Hauptachse und kleinen Krümmungshalbmessern, besonders für Kurbeln und Kurbelwellen, kann das Massenverteilungsschaubild unter Umständen auch ohne Streckung der Hauptachse gezeichnet werden. Die Zwischenform erhält dann die Länge der Endform mit Verdickungen an den Stellen, wo sich die Kurbelwangen befinden. Beim Biegen werden diese Stellen gleichzeitig gestreckt. Hierauf wird im folgenden Abschnitt näher eingegangen.

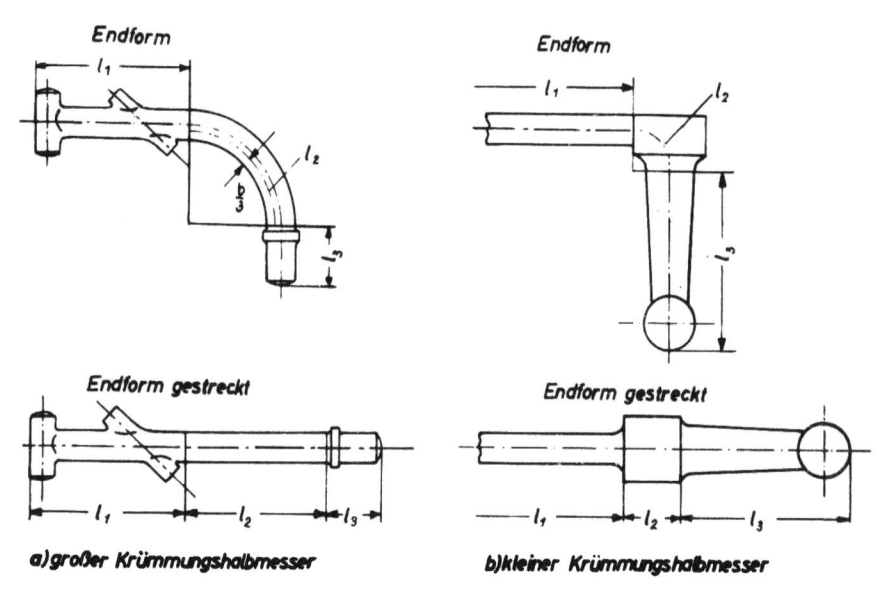

Abbildung 9

Umzeichnung von Werkstücken mit gekrümmter Hauptachse in die gestreckte Form (Formengruppe 32)

Eine besondere Art der Massenverteilung soll nicht unerwähnt bleiben. Sie entsteht nicht durch Umformung der Ausgangsform, sondern bereits durch das Trennen des Walzprofiles, das sogenannte Formscheren oder "Spalten". Die Spaltstücke bilden die Zwischenform Z_M für eine große Zahl flacher Werkstücke, insbesondere für Handwerkzeuge und Schneidwaren (s.Abschn.113 .2).

.2 Das Biegen (Zwischenform Z_B)

Die als Ausgangsform verwendeten Walzprofile haben gerade Längsachsen; diese werden bei den Massenverteilungs-Zwischenformen beibehalten. Für alle Endformen mit gekrümmter Hauptachse muß daher das Werkstück gebogen werden. Eine Ausnahme bilden nur die Spaltstücke, soweit sie schon mit der gewünschten Krümmung geschnitten wurden.

In der Regel steht das Biegen an zweiter Stelle in der Reihenfolge der Zwischenformstufen. Das hat zur Folge, daß die Längsachse des Werkstückes bei der Querschnittsvorbildung bzw. bei der Endformung bereits die richtige Krümmung hat und die Querschnitte sich durch das Biegen nicht mehr ändern können. Es gibt aber auch Fälle, in denen es günstiger ist, gleichzeitig mit der Massenverteilung oder mit der Querschnittsvorbildung zu biegen, so daß eine besondere Biege-Zwischenform entfällt. Andererseits kann es vorkommen, daß die Zwischenformen Z_B und Z_Q miteinander vertauscht werden müssen oder daß die Endform gebogen werden muß. Das letztere betrifft solche Werkstücke, die sich nicht in gebogenem Zustand fertig schmieden lassen.

Werkstücke, deren Längsachse nur in einer Ebene gekrümmt ist (Formengruppe 32), können ohne Biege-Zwischenform hergestellt werden, wenn es möglich ist, die Biegeebene parallel zur Werkzeugbewegung zu legen. Zu diesem Zweck muß aber das Querschnittsvorbildungs- oder Endwerkzeug mit gekrümmter Trennfläche ausgeführt werden, wodurch erheblich höhere Kosten entstehen als bei Werkzeugen mit ebener Trennfläche. Um festzustellen, welches Verfahren wirtschaftlicher ist, muß man diese Mehrkosten den Kosten für ein verhältnismäßig einfaches Biegewerkzeug und für den zusätzlichen Arbeitsgang des Biegens gegenüberstellen. In gleicher Weise kann auch bei Werkstücken, deren Längsachse in mehreren Ebenen gekrümmt ist (Formengruppe 33), <u>ein</u> Biegewerkzeug gespart werden; für die weiteren Biegungen sind aber besondere Zwischenformen und entsprechende Werkzeuge erforderlich.

Die Entscheidung, ob eine Biege-Zwischenform in den Fertigungsablauf einzuschalten ist oder nicht, ist u.U. auch von der späteren spanenden Bearbeitung des Gesenkschmiedestückes abhängig. Die Nabe des nach Abbildung 10a ohne Biege-Zwischenform hergestellten Hebels hat z.B. ebene Stirnflächen und ein gut vorgeschmiedetes Loch; das ist für das spätere Bohren mitunter günstiger. Es muß aber in Kauf genommen werden, daß die Mantelfläche der Nabe die Form eines Doppelkegels hat. Wird eine zylindrische Mantelfläche gefordert, so schmiedet man mit Biege-Zwischenform und in einem Endwerkzeug mit ebener Trennfläche (Abb.10b); die Aushebeschräge befindet sich dann an der Stirnseite der Nabe und es kann kein Loch vorgeschmiedet werden.

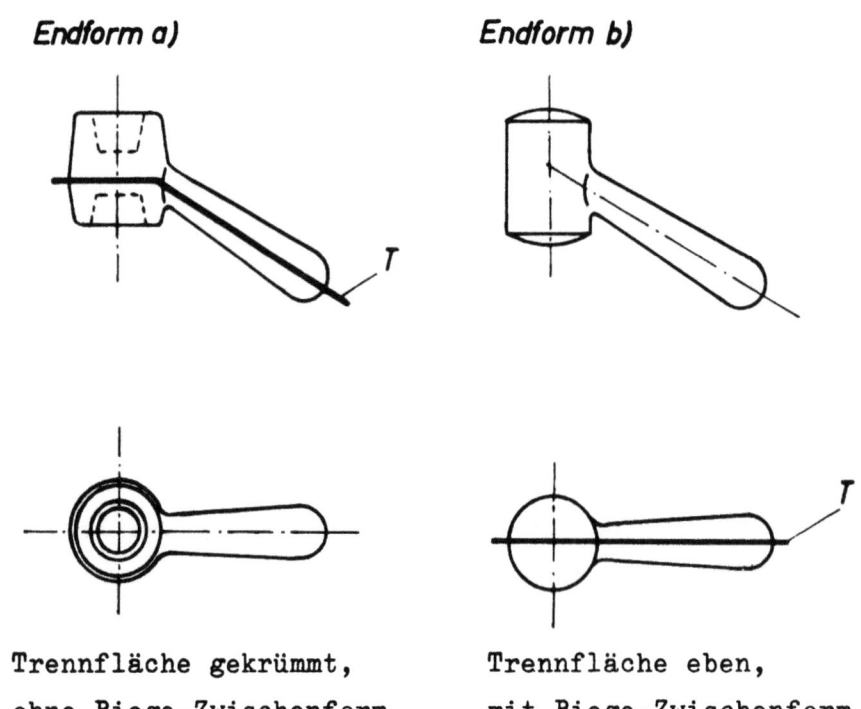

A b b i l d u n g   10

Schmieden eines Hebels mit Nabe in verschiedenen Richtungen

Biege-Zwischenformen braucht man auch für einen Teil der Werkstücke mit gerader Längsachse und unsymmetrischen Nebenformelementen (Grundform 314), denn der zunächst symmetrisch um die Längsachse angesammelte Werkstoff muß auf eine Seite verlagert werden (Abb. 8b). Man bezeichnet diesen Vorgang mit "Durchsetzen" und verwendet dazu ähnliche Werkzeuge wie zum Biegen.

Besondere Bedeutung gewinnt die Biege-Zwischenform für Gesenkschmiedestücke mit mehrfach in einer Ebene gebogener Längsachse, zu denen die Kurbeln und Kurbelwellen gehören. Hierfür geben BRUCHANOW und REBELSKI [12] eine Zusammenstellung, die in Abbildung 11 wiedergegeben ist; zugleich mit den Biege-Zwischenformen Z_B wurden darin auch die Massenverteilungs-Zwischenformen Z_M aufgeführt. Hierbei sind drei Arten von Biege-Zwischenformen zu unterscheiden:

1. Biege-Zwischenformen ohne wesentliche Querschnittsänderung
2. Biege-Zwischenformen mit Querschnittsabnahme durch gleichzeitiges Strecken des Werkstoffes
3. Biege-Zwischenformen zum Durchsetzen.

Die erstgenannte Biege-Zwischenform wird für Kurbeln mit größeren Achsabständen e benutzt (Abb.11, Beispiel 13 u. 22). Man zeichnet das Massenverteilungsschaubild für die gestreckte Endform auf und konstruiert dementsprechend die Zwischenform Z_M. Beim Biegen ergeben sich nur geringfügige Querschnittsveränderungen.

Die zweite Biege-Zwischenform ist für Kurbeln mit verhältnismäßig kleinen Achsabständen sowie für Kurbelwellen mit engen Kröpfungen anzuwenden (Abb.11, Beispiel 11, 12, 21, 32). Hierzu wird das Massenverteilungsschaubild für die Endform mit gekrümmter Längsachse gezeichnet. Die Abschnitte für die Kurbelwangen werden beim Biegen gleichzeitig gestreckt.

Für Werkstücke mit besonders engen Kröpfungen und nicht zu großen Achsabständen läßt sich auch die dritte Biege-Zwischenform verwenden (Abb.11, Beispiel 23 u.33). Man entwirft das Massenverteilungsschaubild ebenfalls für die gekrümmte Endform und konstruiert hierzu die Zwischenform Z_M. Im Biegewerkzeug wird der symmetrisch um die Längsachse angesammelte Werkstoff nach einer Seite durchgesetzt.

Die in Abbildung 11 dargestellten Zwischenformen für Kurbeln und Kurbelwellen lassen sich je nach der Eigenart des Werkstückes abwandeln. Es kann z.B. in manchen Fällen auf die Massenverteilungs-Zwischenform verzichtet werden, wenn sich für diese nur geringe Querschnittsunterschiede ergeben; man biegt dann unmittelbar die Ausgangsform. Beim Biegen mehrfach gekröpfter Wellen nimmt die Streckung des Werkstoffes zur Mitte hin zu, weil die Wellenenden von den Vorsprüngen des Biegewerkzeugs festgehalten werden. Sind die Enden verhältnismäßig lang, wie im Beispiel 31, so zeichnet man das Massenverteilungsschaubild für eine Endform mit teils gestreckten, teils ungestreckten Abschnitten. Grundsätzlich muß beim Entwurf des Massenverteilungsschaubildes darauf geachtet werden, daß zum Ausfüllen der Ecken genügend Werkstoff zur Verfügung steht, wie es an den Beispielen in Abbildung 11 ersichtlich ist.

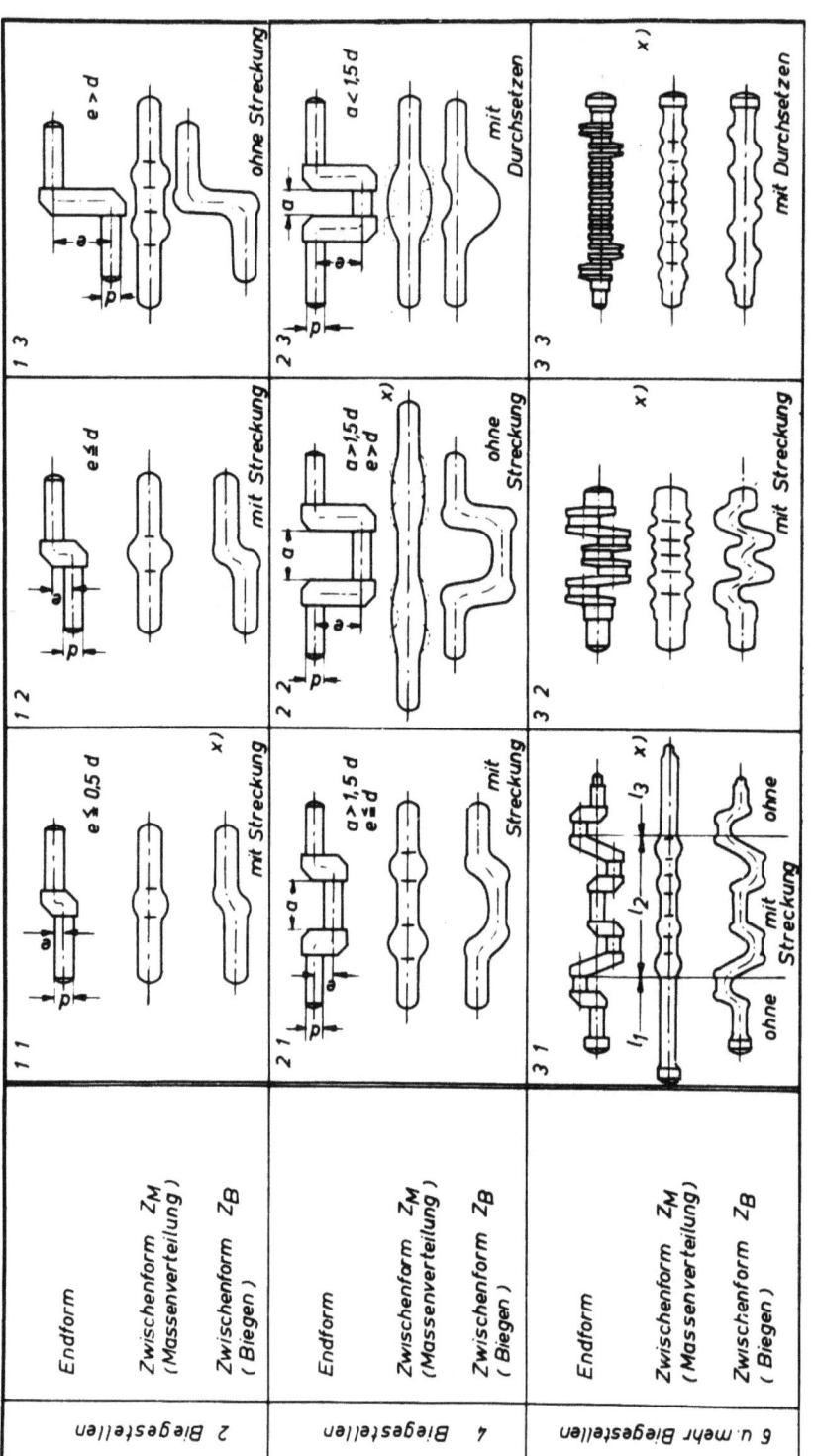

Abbildung 11

Massenverteilungs- und Biegezwischenformen für Werkstücke mit mehreren Biegestellen, insbesondere Kurbeln und Kurbelwellen (nach [12])

+) Zwischenform kann entfallen

.3 Die Querschnittsvorbildung (Zwischenform Z_Q)

Um den Verschleiß der Endgravur niedrig zu halten, werden die Querschnitte des Werkstückes in der Zwischenformstufe Z_Q den Endformquerschnitten soweit angenähert, daß ihnen im Endwerkzeug nur noch die letzte Form- und Maßgenauigkeit unter einem möglichst geringen Energieaufwand erteilt zu werden braucht. Man könnte diese Zwischenform auch als eine Massenverteilungs-Zwischenform bezeichnen, bei der der Werkstoff aber nicht in Längsrichtung der Hauptachse, sondern vorwiegend quer dazu verteilt wird. Besondere Bedeutung hat die Zwischenform Z_Q für Werkstücke mit starken Querschnittswechseln, hohen Rippen, Ansätzen usw., in die der Werkstoff steigen muß. Sie soll daher große Rundungshalbmesser erhalten, um den Werkstofffluß zu erleichtern. Im Endwerkzeug mit den durch die Endform vorgeschriebenen kleinen Rundungshalbmessern können solche Umformarbeiten entweder überhaupt nicht oder nur unter sehr starker Beanspruchung des Werkzeuges durchgeführt werden.

Oft muß sogar die Querschnittsvorbildung in mehreren Werkzeugen durchgeführt werden, weil in einem Werkzeug nicht der gewünschte Werkstofffluß zu erzielen ist oder das Arbeitsvermögen der Umformmaschine nicht ausreicht; das Letztere kommt häufig beim Schmieden unter Kurbelpressen vor, wo dem Werkstück bei jedem Hub nur soviel Formänderungsarbeit zugeführt werden kann, wie der Pressenstößel auf dem Wege bis zum unteren Umkehrpunkt abgeben kann, ohne festzufahren [12,15].

HUGHES und VALLANCE [16] teilen die Querschnittsvorbildungs-Zwischenformen in zwei Gruppen ein und unterscheiden "moulding impressions", das sind Zwischenformen, deren Querschnitte denen der Endform bis auf ganz geringe Abweichungen gleichen und "blocking impressions", womit Zwischenformen gemeint sind, die die Aufgabe haben, den Werkstoff in Rippen und Ansätze fließen zu lassen und daher sehr große Rundungshalbmesser aufweisen. Da beide Arten jedoch dem gleichen Zweck dienen und nur schwer gegeneinander abzugrenzen sind, erscheint diese Unterteilung nicht angebracht.

Zur Schonung des Endwerkzeuges ist es erforderlich, daß möglichst wenig Werkstoff über die Gravurkanten in den Grat fließt, weil hiermit ein starker Verschleiß verbunden ist. Daher sollte schon bei der Querschnittsvorbildung möglichst der gesamte, mindestens aber der größere Teil des überschüssigen Werkstoffes in den Grat verdrängt werden. Eine Gratbildung ist bei der Zwischenform Z_Q ohnehin notwendig, damit der Werkstoff die Gravur ausfüllen kann [15]. Hieraus ergibt sich die erste Regel für den Entwurf der Zwischenform Z_Q:

Die Querschnitte der Zwischenform Z_Q sollen ebenso groß wie die der Endform sein

Das bedeutet Volumengleichheit von Zwischenform und Endform, mit Berücksichtigung der Grate beider Formen. Dieser Grundsatz gilt nur unter der Voraussetzung, daß tatsächlich eine vollständige Querschnittsvorbildung stattfindet. Er gilt nicht, wenn die Zwischenform Z_Q entgratet wird, wie es bei Werkstücken mit besonders großem Werkstoffüberschuß gelegentlich notwendig ist (Abb.15); in solchen Fällen muß das Volumen der Zwischenform soviel größer sein, daß sich beim Schmieden der Endform ein genügend breiter Grat bilden kann.

Die Befürchtung, daß die Endform infolge des Gesenkverschleißes beim Schmieden nicht vollständig ausgefüllt werden könnte, ist im allgemeinen unbegründet, denn bei anfänglicher Querschnittsgleichheit nehmen die Querschnitte der Zwischenform schneller zu als die der Endform, weil das Zwischenformwerkzeug höher beansprucht wird und schneller verschleißt[3] Tritt der umgekehrte Fall ein, so ist das ein Zeichen dafür, daß die Zwischenform nicht richtig gestaltet wurde.

Die zweite Regel betrifft die Form der Querschnitte:

Die Querschnitte der Zwischenform Z_Q und ihres Grates sollen parallel zur Werkzeugbewegung höher und quer dazu schmaler als die der Endform sein

Diese Regel entstand aus der Feststellung, daß das Endwerkzeug dann am wenigsten auf Verschleiß beansprucht wird, wenn sich der Werkstoff beim Stauchen ohne gleitende Reibung an die Gravurwand anlegt [16,17]. KIENZLE nennt diese Werkstoffbewegung "Wälzen" [18] (Abb.12).

Die Richtigkeit dieser Beobachtungen wurde u.a. durch Versuche von LANGE bestätigt [4]. Dabei wurde ein prismatischer Körper mit zwei verschiedenen Querschnittsvorbildungs-Zwischenformen unter sonst völlig gleichen Verhältnissen geschmiedet. Der Querschnitt der Zwischenform $Z_{Q\,I}$ war bei gleicher Querschnittsfläche höher und schmaler als der der Endform, während der Querschnitt $Z_{Q\,II}$ die Höhe der Endform, aber eine größere Breite hatte. An Bleiabdrücken wurde in regelmäßigen Abständen die Gesenkmaß-

---

3. Hierbei ist vorauszusetzen, daß stetig ohne Zwischenlagerung der Werkstücke geschmiedet wird

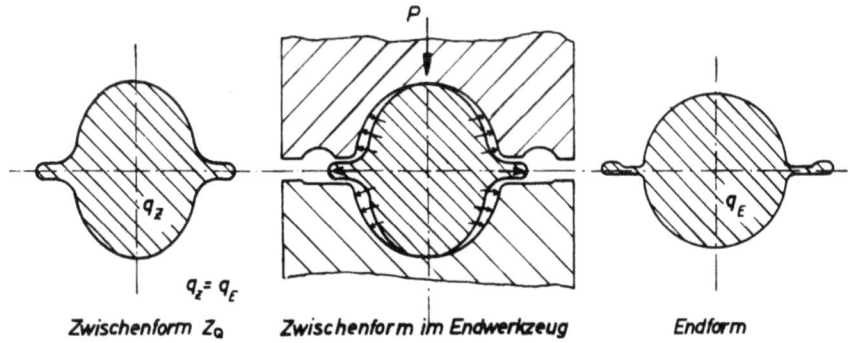

Abbildung 12

Das Schmieden der Zwischenform Z_Q im Endwerkzeug ohne gleitende Reibung des Werkstoffes an der Gravurwand

änderung gemessen. Es ergab sich eine um 40 bzw. 70 % geringere Maßänderung bei der Benutzung der Zwischenform $Z_{Q\ I}$ gegenüber $Z_{Q\ II}$ (Abb.13). Darüber hinaus zeigten sich an der Endform, die aus der Zwischenform $Z_{Q\ I}$ geschmiedet wurde, kaum Verschleißspuren, während an der Endform, die aus der Zwischenform $Z_{Q\ II}$ hergestellt wurde, in schnell zunehmendem Maße Riefen- und Flächenverschleiß festgestellt wurde.

Die dritte Regel für den Entwurf der Zwischenform Z_Q lautet:

<u>Die Halbmesser aller konkaven Rundungen der Zwischenform Z_Q sollen größer als die der Endform sein.</u>

Dadurch soll ein möglichst ungehemmter Werkstofffluß in alle Teile des Zwischenformwerkzeuges erreicht werden. Auch der Übergangshalbmesser zum Grat muß größer als der der Endform sein, weil sich sonst am Gesenkschmiedestück Falten bilden können.

Die Größe der Rundungshalbmesser läßt sich nicht allgemein festlegen, denn sie hängt davon ab, wieviel Werkstoff in der Zwischenformstufe verlagert werden muß. In der Regel genügt es, Halbmesser zu wählen, die 1,25 bis 1,6 mal größer sind, als die der Endform[4]. Nur bei sehr scharfen Querschnittsübergängen quer zur Werkzeugbewegung müssen u.U. Halbmesser mit der 2,5 bis 4fachen Größe der Rundungshalbmesser der Endform vorgesehen werden. Dies gilt auch für die Biegestellen an Werkstücken mit scharf gebogener Längsachse (Abb.14).

---

4. Durch die Wahl einer Normzahl für diesen Faktor kann man für die Rundungshalbmesser der Zwischen- und Endformen die Normzahlen nach DIN 323 benutzen

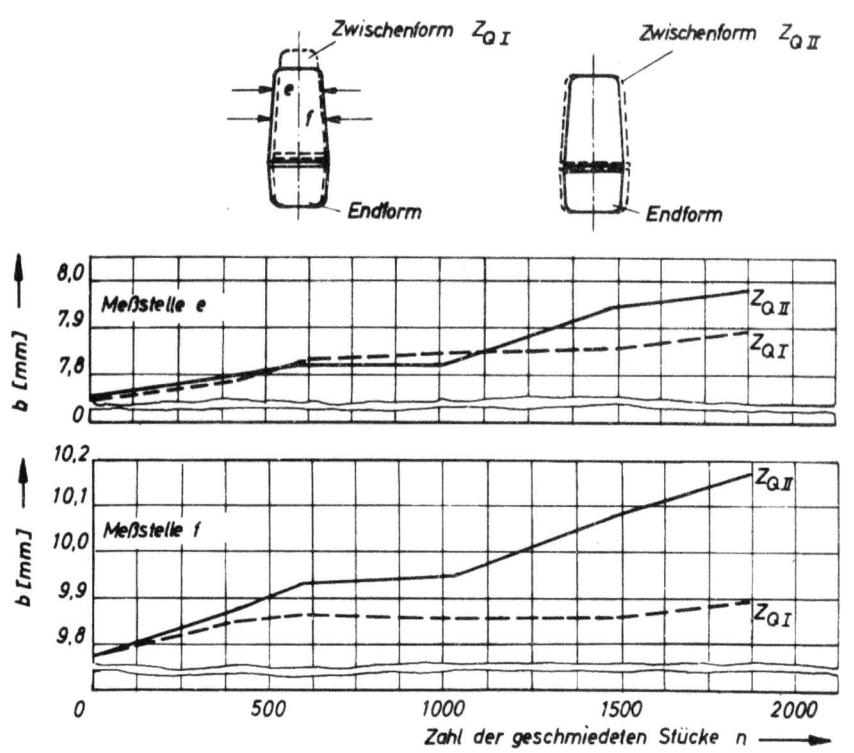

Abbildung 13

Maßänderung eines Endwerkzeuges in Abhängigkeit von der Gestalt der Zwischenform Z_Q (nach [4])

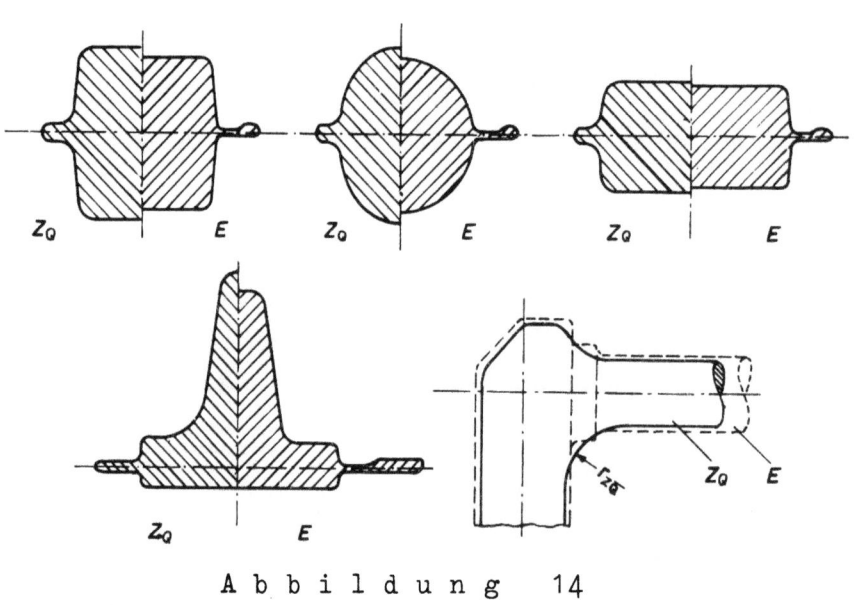

Abbildung 14

Querschnitte der Zwischenform Z_Q für verschiedene Endquerschnitte

Die Seitenschrägen der Zwischenform Z_Q sollen grundsätzlich denen der
Endform entsprechen. Nur bei besonders hohen Zapfen und Rippen, in denen
der Werkstoff stark steigen muß, ist es mitunter zweckmäßig, die Schräge
der Zwischenform zu vergrößern, um das Werkstück leichter aus der Gravur
lösen zu können.

In Abbildung 14 sind die Querschnittsvorbildungs-Zwischenformen für einige einfache Querschnitte sowie für ein Werkstück mit scharf gebogener
Hauptachse zusammengestellt. Abbildung 15 zeigt die Anwendung der obigen
Gestaltungsregeln auf ein Gabelpleuel; hierbei mußte allerdings die Zwischenform entgratet werden, weil ein verhältnismäßig breiter Grat an dem
sehr schmalen und hohen Schaft entstand.

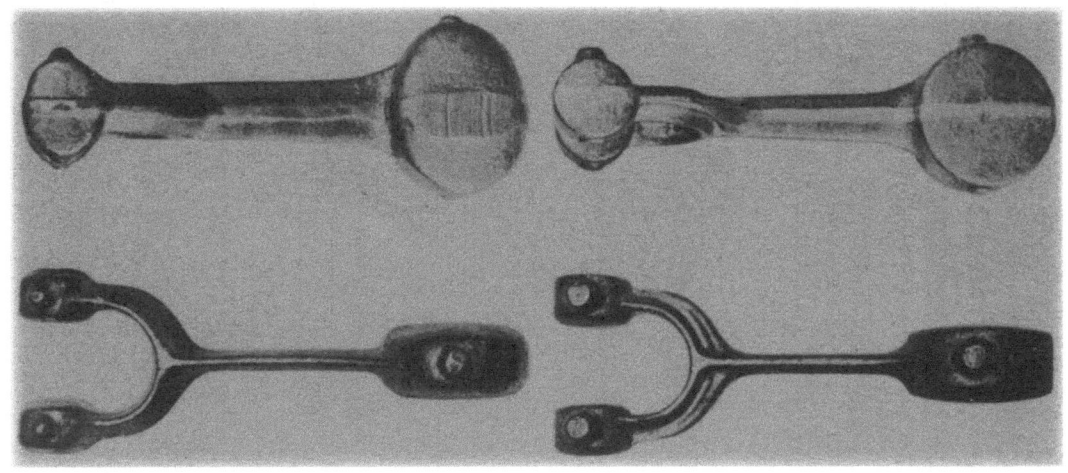

Zwischenform Z_Q Endform
(entgratet)

A b b i l d u n g   15

Zwischenform Z_Q und Endform eines Gabelpleuels

Besondere Sorgfalt erfordert der Entwurf der Zwischenformen für Gabelungen sowie für alle übrigen Profile mit H-förmigem Querschnitt, denn
schon kleine Fehler wirken sich nachteilig auf die Endgravur aus und
können Risse und Falten in der Endform verursachen (s.Abschn.123). In
Abbildung 16 sind drei verschiedene Herstellverfahren für H-Profile zusammengestellt. Grundsätzlich ist von einer Zwischenform mit rechtecki-
gem Querschnitt auszugehen, die etwas schmaler als die Endform ist. Nach
Möglichkeit ist diese Querschnittsform schon bei der Wahl der Ausgangsform bzw. bei der Massenverteilung anzustreben [12, 15, 17, 19]. Niedri-
ge H-Profile können daraus ohne weitere Querschnittsvorbildung geschmiedet werden. Als obere Grenze hierfür nennen BRUCHANOW und REBELSKI das
Verhältnis $\frac{h}{b} = 2$ [12]; sie erscheint reichlich hoch. In den meisten

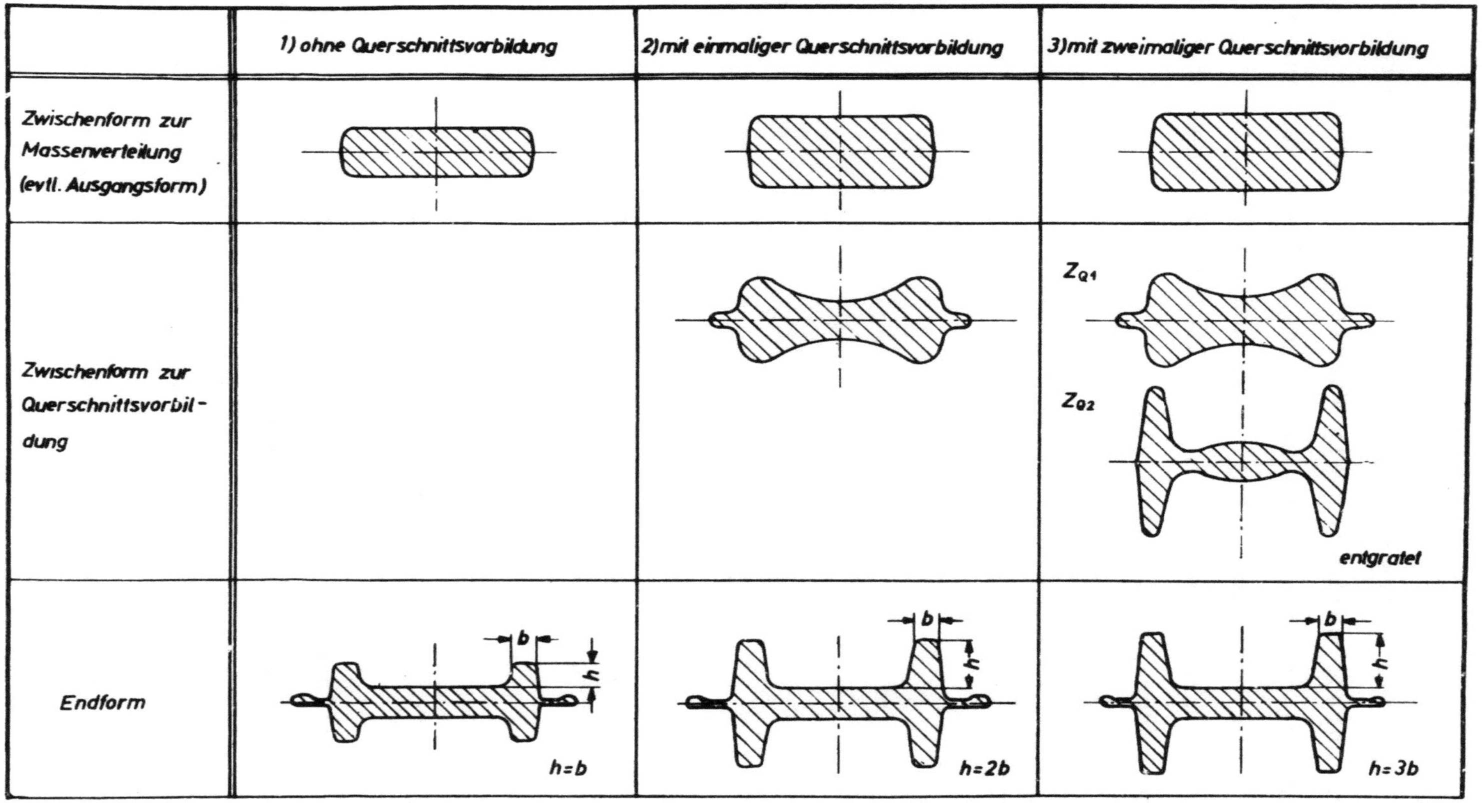

Abbildung 16

Die Zwischenformen zum Schmieden von H-Profilen

Fällen wird es zweckmäßig sein, schon bei kleineren Maßverhältnissen eine Querschnittsvorbildung vorzunehmen, um das Endwerkzeug zu schonen.

Die von KAESSBERG [17] vorgeschlagene Benutzung von zwei Querschnittsvorbildungs-Zwischenformen ist unter dem Gesichtspunkt der Entlastung der Werkzeuge zweifellos sehr günstig, denn die Zwischenform Z_{Q2} hat höhere Rippen als die Endform, so daß diese im Endwerkzeug gestaucht werden können. Man wird dieses Verfahren jedoch nur bei H-Profilen mit sehr hohen und schmalen Rippen anwenden, weil außer dem zusätzlichen Werkzeug auch ein Abgraten der Zwischenform Z_{Q2} erforderlich ist.

Die beschriebenen Zwischenformen für H-Profile können sinngemäß für Scheiben mit Rand und für Ringe (Grundform 224) angewendet werden.

113 Die Bestimmung der Ausgangsform

Während in den vorhergehenden Abschnitten über die Hauptgeometrie der Endformen und Zwischenformen geometrische Fragen im Vordergrund standen, gewinnen bei der Bestimmung der Ausgangsform Kostenfragen eine große Bedeutung, weil die Werkstoffkosten einen erheblichen Anteil an den Gesamtkosten des Gesenkschmiedestückes darstellen. Die sorgfältige Ermittlung des Werkstoffbedarfes und die zweckmäßige Auswahl des Ausgangsquerschnittes gehören zu den wichtigsten Aufgaben der Arbeitsvorbereitung.

1 Die Werkstoffmenge der Ausgangsform

Die Werkstoffmenge bzw. das Gewicht der Ausgangsform G_A setzt sich aus dem Gewicht der Endform G_E und den Zuschlägen für Gratabfall G_G und Abbrand G_Z zusammen:

$$G_A = G_E + G_G + G_Z \quad 5)$$

Das Gewicht der Endform G_E ist an Hand der Schmiedestückzeichnung verhältnismäßig leicht festzustellen. NAUJOKS und FABEL [11] zeigen an mehreren Beispielen, daß es bei einiger Übung möglich ist, das Gewicht mit einer Genauigkeit von $\pm 3\%$ zu bestimmen. Ist ein Modell des Werkstückes vorhanden, so läßt sich das Gewicht durch Auswiegen und Umrechnen der entsprechenden spezifischen Gewichte ermitteln.

---

5. Um die Einheitlichkeit der Begriffe zu wahren, wurden die Gewichte von Ausgangs- und Endform mit den Indizes "A" bzw. "E" versehen. Im praktischen Sprachgebrauch waren bisher vorwiegend die Bezeichnungen "Einsatzgewicht G_E" und "Schmiedestückgewicht G_S" üblich [7, 22]

Schwieriger ist die Vorausbestimmung der Zuschläge für Grat und Abbrand.
HALLER, MORGENROTH und KRUSE versuchten, Richtwerte hierfür aufzustellen
[7, 8, 9]. Zu diesem Zweck wurde das Verhältnis

$$\frac{\text{Ausgangsgewicht}}{\text{Endgewicht}} = W$$

einer großen Zahl verschiedener Gesenkschmiedestücke in vielen Betrieben
ermittelt und über dem Gewicht der Endform G_E aufgetragen, wobei beide
Achsen logarithmisch geteilt waren. Durch die Meßpunkte von Werkstücken
mit ähnlichen Formen legte man mittlere Geraden, die der Gleichung

$$w = c \cdot G_E^n$$

entsprechen. Darin ist:

$$w = (W - 1) = (\frac{G_A}{G_E} - 1),$$

c ein konstanter Faktor und n der Exponent, der die Neigung der Geraden
angibt. Die Werte für das Gewichtsverhältnis W wurden für jede Formenklasse und nach Arbeitsverfahren und Maschinenart getrennt in Zahlentafeln zusammengefaßt.

Einen anderen Weg beschritt PATEK, indem er versuchte, die Zuschläge für
Grat und Abbrand zu trennen [20]. Er ermittelt das Gewichtsverhältnis
auf folgende Weise:

$$W = 1 + \frac{1}{100} \ (t \cdot n_1 + n_2' + n_2'')$$

Darin bedeutet:

t = Anzahl der Erwärmungen
n_1 = Zuschlag für Abbrand in %
n_2' = Zuschlag für erstes Abgraten in %
n_2'' = Zuschlag für zweites Abgraten in %

Die Zuschläge müssen aus einer Zahlentafel errechnet werden, wobei das
Gewicht der Endform G_E als Veränderliche einzusetzen ist.

Von der Forschungsstelle Gesenkschmieden wurden drei Verfahren zur Bestimmung des Gewichtsverhältnisses W mit 60 Meßergebnissen aus der Praxis
verglichen [21]. Abbildung 17 zeigt die gefundene Häufigkeitsverteilung:

a) Verfahren nach HALLER mit Formenklassen [7]
b) Verfahren nach PATEK [20]
c) Verfahren aus der Praxis, bei dem die Einzelzuschläge auf die Querschnittsfläche der Endform bezogen werden.

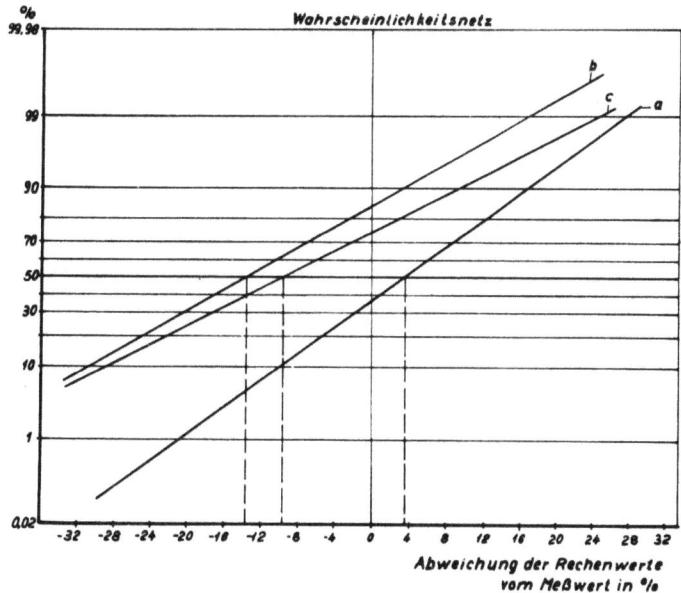

A b b i l d u n g   17

Häufigkeitsverteilung der nach drei verschiedenen Verfahren berechneten Zuschläge für Grat und Abbrand (Gesamtstückzahl: 60 Teile = 100 %)

Setzen wir voraus, daß die gemessenen Gewichtsverhältnisse die kleinstmöglichen sind, was wahrscheinlich bei dem größten Teil der zum Vergleich herangezogenen Werkstücke der Fall sein wird, so bilden die nach dem Verfahren von HALLER ermittelten Werte eine Normalverteilung mit verhältnismäßig geringer Streubreite und annähernd richtiger Mittelwertlage (a). Die beiden anderen Häufigkeitsverteilungen (b und c) liegen wesentlich ungünstiger.

Ein analytisches Verfahren zur Bestimmung des Gratzuschlages wurde von BRUCHANOW und REBELSKI entwickelt [12]. Auf Grund zahlreicher Messungen fand man folgenden Zusammenhang zwischen der günstigsten Gratdicke h_G und dem Verhältnis der in Umformrichtung gesehenen Projektionsfläche O_E zum Umfang der Endform U_E:

$$h_G = 0{,}07 \cdot \frac{O_E}{U_E} \quad [\text{mm}]$$

Für quadratische Werkstücke gilt dann:

$$h_G = 0{,}07 \cdot \frac{a^2}{4a} = 0{,}0175a$$

oder

$$h_G = 0{,}0175 \sqrt{O_E}$$

Diese Formel soll mit einer geringen Korrektur auch für andere Werkstückformen anwendbar sein und lautet dann:

$$h_G = 0,015 \sqrt{O_E}$$

Aus einer Zahlentafel entnimmt man für die berechnete Gratdicke h_G die Breite der Gratbahn b_1, die Abmessungen der Gratmulde und den Gratraumquerschnitt Q_G; für verschiedene Gravurtiefen stehen je drei verschieden große Gratraumquerschnitte zur Wahl. Das Gratvolumen wird nach folgender Näherungsformel ermittelt:

$$V_G = c \cdot Q_G \left[U_E + n (b_1 + b_2) \right] \; [mm^3]$$

Darin ist:

$c = 0,5 \ldots 0,7$ = Füllungsgrad der Gratmulde

$n = 4 \ldots 8$ = Kennziffer für die Form der Projektionsfläche

b_1 = Breite der Gratbahn in mm

b_2 = Breite der Gratmulde in mm

Die Nachprüfung dieses Verfahrens an verschiedenen Beispielen ergab, daß es grundsätzlich richtig ist, Projektionsfläche und Umfang des Werkstückes zueinander in Beziehung zu bringen, um die Gratdicke h_G zu bestimmen. Unzureichend ist aber die Festlegung gleichbleibender Gratraumabmessungen für den gesamten Umfang eines Werkstückes ohne Rücksicht auf Querschnittsveränderungen. Dadurch wird das ganze Verfahren unsicher, zumal die Bestimmung der Gratraumabmessungen dem Ermessen des Benutzers überlassen ist. An den gerechneten Beispielen zeigte sich, daß die Gratzuschläge nur für Werkstücke mit verhältnismäßig geringen Querschnittswechseln und bei weitgehender Aufteilung der Fertigung in Zwischenformstufen annähernd richtig ermittelt werden können.

Die Näherungsformel

$$h_G = 0,015 \sqrt{O_E}$$

darf entgegen der Ansicht von BRUCHANOW und REBELSKI keinesfalls für Langformen verwendet werden, denn das Verhältnis $\frac{Fläche}{Umfang}$ ändert sich bekanntlich mit dem Verhältnis $\frac{Länge}{Breite}$ des Werkstückes in sehr weiten Grenzen, so daß die Verwendung dieser Formel zu erheblichen Abweichungen der Gratdicke und damit des Gratvolumens führen würde.

Die Bestimmung des Abbrandzuschlages behandeln BRUCHANOW und REBELSKI nur ganz kurz, indem sie für verschiedene Wärmverfahren Gewichtszuschläge in Höhe von 0,5 bis 4 % vom Endgewicht + Gratgewicht angeben, ohne zu berücksichtigen, daß der Abbrandverlust in erster Linie von der Werkstückoberfläche und nicht vom Volumen abhängt.

Keines der beschriebenen Verfahren zur Ermittlung der Zuschläge für Grat und Abbrand befriedigt die Praxis ganz. Die Rechenverfahren sind zu umständlich und, weil stets einige Größen geschätzt werden müssen, nicht genauer als die von HALLER, MORGENROTH und KRUSE aufgestellten Richtwerttafeln [7, 8, 9]. Da sich die Verhältnisse von Werkstück zu Werkstück aber auch von Betrieb zu Betrieb ändern, vertritt der Verfasser die Ansicht, daß eine übersichtliche Zusammenstellung von Richtwerten den Anforderungen der Praxis am besten gerecht wird. Die vorhandenen Zahlentafeln sind dafür jedoch nicht geeignet, am wenigsten diejenigen, die nur Mittelwerte und keine Streubereiche angeben. Sie wurden daher durch ein Schaubild ersetzt. Dieses hat den Vorteil, daß der Benutzer mit zunehmender Übung genauer schätzt und sich nicht an Zahlenwerte klammert, weil er nicht übersehen kann, wie weit er von diesen abweichen darf, um den Verhältnissen eines bestimmten Werkstückes gerecht zu werden.

Das in Abbildung 18 dargestellte Schaubild zur Ermittlung der Gewichtsverhältnisse wurde mit Hilfe von über 500 Meßwerten aus den letzten Jahren entworfen. Auf der senkrechten Achse ist das Verhältnis $W = \frac{G_A}{G_E}$ in linearem Maßstab, auf der waagerechten Achse das Endformgewicht G_E in logarithmischem Maßstab aufgetragen. Bei der Auswertung der Meßergebnisse zeigte sich, daß infolge der außerordentlich starken Streuung der Meßwerte eine Aufteilung des Gesamtstreufeldes allein nach Formenklassen nicht möglich ist. Berücksichtigt man aber außerdem den Schwierigkeitsgrad der Werkstücke, so lassen sich vier Felder abgrenzen, innerhalb derer eine verhältnismäßig genaue Schätzung der Gewichtsverhältnisse vorgenommen werden kann. Nur 2 % aller Meßwerte lagen oberhalb der Feldgrenzen. Sie dürfen vernachlässigt werden, weil es sich hierbei teils um außergewöhnlich verwickelte Werkstücke, teils um solche mit unnötig hohen Ausgangsgewichten handelte.

Das Feld Nr. 3 wurde nochmals geteilt, weil die Werte für schwierige Scheibenformen (Formenklasse 2) nur in der unteren Hälfte liegen. Ferner ergab sich, daß die Gewichtsverhältnisse für Pleuelstangen dicht um diese Mittelwerte herumliegen. Da Pleuelstangen als Gesenkschmiedestücke weit verbreitet sind, eignen sie sich besonders zur Charakterisierung des mittleren Schwierigkeitsgrades von Langformen (Formenklasse 3). 22 Meßwerte für Pleuelstangen wurden in das Schaubild eingetragen; davon weichen

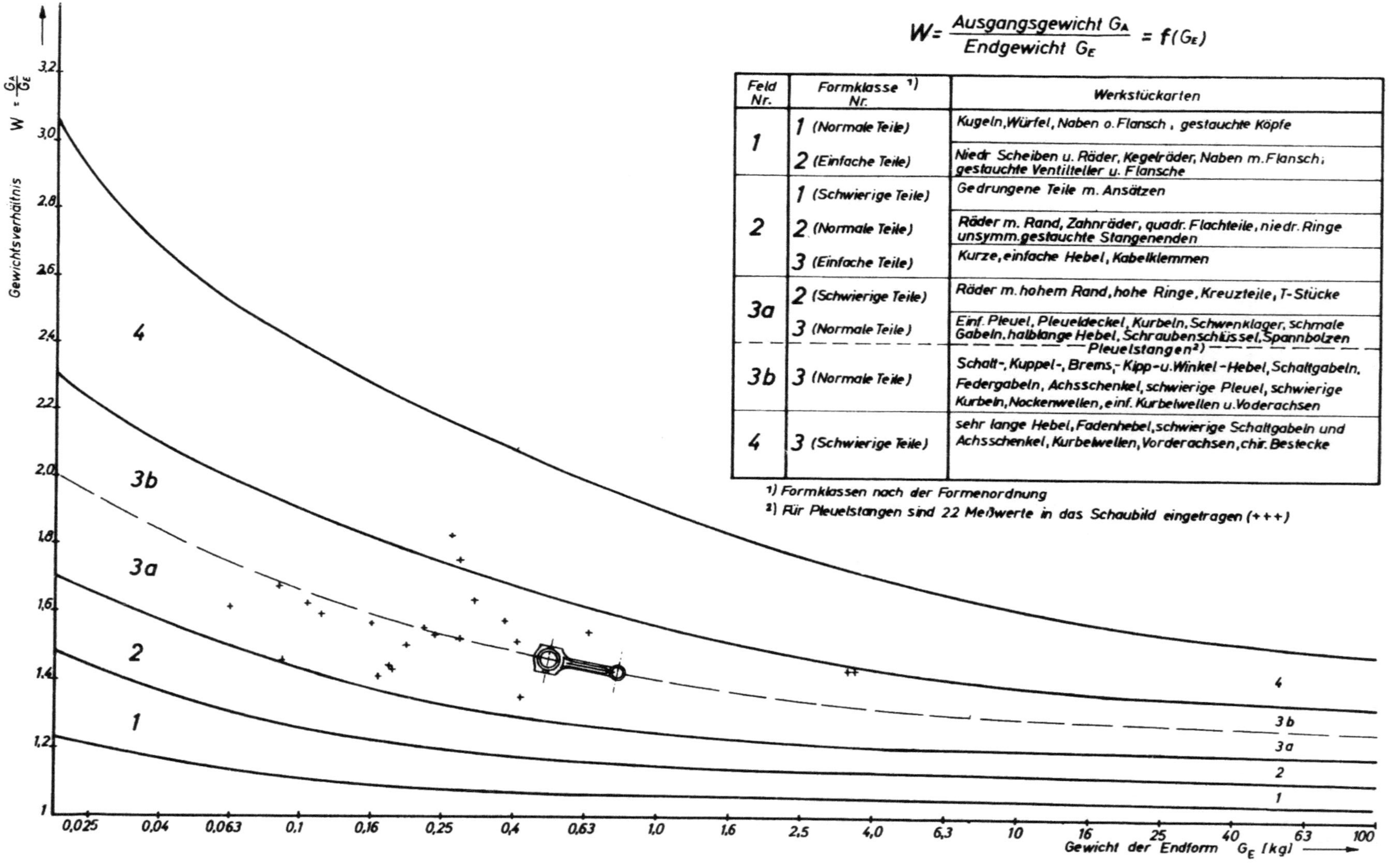

$$W = \frac{\text{Ausgangsgewicht } G_A}{\text{Endgewicht } G_E} = f(G_E)$$

Feld Nr.	Formklasse[1] Nr.	Werkstückarten
1	1 (Normale Teile)	Kugeln, Würfel, Naben o. Flansch, gestauchte Köpfe
	2 (Einfache Teile)	Niedr. Scheiben u. Räder, Kegelräder, Naben m. Flansch, gestauchte Ventilteller u. Flansche
2	1 (Schwierige Teile)	Gedrungene Teile m. Ansätzen
	2 (Normale Teile)	Räder m. Rand, Zahnräder, quadr. Flachteile, niedr. Ringe unsymm. gestauchte Stangenenden
	3 (Einfache Teile)	Kurze, einfache Hebel, Kabelklemmen
3a	2 (Schwierige Teile)	Räder m. hohem Rand, hohe Ringe, Kreuzteile, T-Stücke
	3 (Normale Teile)	Einf. Pleuel, Pleueldeckel, Kurbeln, Schwenklager, schmale Gabeln, halblange Hebel, Schraubenschlüssel, Spannbolzen — Pleuelstangen[2] —
3b	3 (Normale Teile)	Schalt-, Kuppel-, Brems-, Kipp-u. Winkel-Hebel, Schaltgabeln, Federgabeln, Achsschenkel, schwierige Pleuel, schwierige Kurben, Nockenwellen, einf. Kurbelwellen u. Vorderachsen
4	3 (Schwierige Teile)	sehr lange Hebel, Fadenhebel, schwierige Schaltgabeln und Achsschenkel, Kurbelwellen, Vorderachsen, chir. Bestecke

[1]) Formklassen nach der Formenordnung
[2]) Für Pleuelstangen sind 22 Meßwerte in das Schaubild eingetragen (+++)

Abbildung 18 Schaubild zur Ermittlung der Gewichtsverhältnisse $W = \dfrac{G_A}{G_E}$ bei Gesenkschmiedestücken

9 Werte (41 %) nicht mehr als ± 5 % von der Mittellinie ab. Die übrigen beziehen sich auf besonders einfache oder schwierige Pleuel.

Bei der Benutzung des Schaubildes muß der Einfluß der Zwischenformung berücksichtigt werden. Die zu Grunde gelegten Gewichtsverhältnisse entsprechen den in den deutschen Gesenkschmieden vorherrschenden kleinen und mittleren Losgrößen, bei denen nicht immer alle Möglichkeiten der Zwischenformung ausgenutzt werden können. Wenn die Zwischenformung sorgfältig durchgeführt wird, können niedrigere Werte gewählt werden. Dasselbe gilt auch für Fälle, in denen mehrere gleiche oder verschiedene Werkstücke mit gemeinsamem Grat geschmiedet werden, vorausgesetzt, daß der Werkstoff durch richtige Anordnung der Werkstücke zueinander besser ausgenutzt wird als bei einem Einzelstück. Zur Ermittlung des Gewichtsverhältnisses benutzt man dann die Summe der Endformgewichte der gleichzeitig geschmiedeten Teile.

Die Begrenzungskurven der Streufelder haben einen hyperbolischen Verlauf; es ist zu vermuten, daß dieser auf das mit dem Werkstückgewicht veränderliche Verhältnis zwischen Volumen, Oberfläche und Umfang zurückzuführen ist. Wir wollen das am Beispiel eines einfachen, würfelförmigen Werkstückes untersuchen. Das Ausgangsvolumen des Würfels sei:

$$V_A = V_E + V_Z + V_G \quad [mm^3]$$

Darin ist das Volumen der Endform mit der Seitenlänge l:

$$V_E = l^3$$

Der Abbrandverlust V_Z ist angenähert der Oberfläche des Würfels verhältnisgleich:

$$V_Z = a \cdot l^2$$

wobei die Konstante a die Anzahl der Würfelflächen und die Dicke der Werkstoffschicht, die durch Abbrand verloren geht, bezeichnet.

Der Gratverlust V_G ist in erster Näherung vom Umfang des Werkstückes in der Trennebene abhängig und beträgt:

$$V_G = b \cdot l + c$$

Die Konstante b ist das Produkt aus der Anzahl der Würfelseiten, an denen sich Grat befindet und dem Gratquerschnitt, während die Konstante c das Produkt aus der Zahl der Gratecken, der Gratbreite und dem Gratquerschnitt darstellt. Faßt man diese Gleichungen zusammen, so erhält man für das Ausgangsvolumen die Gleichung der Summe mehrerer Parabeln oder einer sog. allgemeinen Parabel 3.Ordnung:

$$V_A = 1^3 + a \cdot 1^2 + b \cdot 1 + c$$

Bezieht man diese Gleichung auf das Volumenverhältnis $\frac{V_A}{V_E}$ so ergibt sich:

$$\frac{V_A}{V_E} = 1 + a \cdot 1^{-1} + b \cdot 1^{-2} + c \cdot 1^{-3}$$

und damit eine Kurve von hyperbelartigem Verlauf. Die obige Gleichung läßt sich auch in folgender Weise schreiben:

$$\frac{V_A}{V_E} = 1 + a \cdot V_E^{1/3} + b \cdot V_E^{2/3} + c \cdot V_E^{-1}$$

Ersetzen wir nun das Volumen [mm^3] durch das Gewicht [kg], so erhalten wir die für das Schaubild passende Kurve:

$$\frac{G_E}{G_A} = 1 + \frac{a \cdot \gamma^{1/3}}{10^2 \cdot G_E^{1/3}} + \frac{b \cdot \gamma^{2/3}}{10^4 \cdot G_E^{2/3}} + \frac{c \cdot \gamma}{10^6 \cdot G_E}$$

Somit ist bewiesen, daß der hyperbolische Verlauf der Gewichtsverhältnisse einer mathematischen Gesetzmäßigkeit entspricht. Wenn die gefundene Kurve stärker gekrümmt ist als die Streufeldbegrenzungskurven, so ist das auf die Annahme des gleichbleibenden Gratquerschnittes und der gleichbleibenden Dicke der Abbrandschicht zurückzuführen. Da sich beide Werte aber in bestimmten Grenzen mit dem Werkstückquerschnitt ändern, verlaufen die Streufeldbegrenzungskurven flacher.

Abschließend ist zu bemerken, daß zur Ermittlung des Beschaffungsgewichtes G_B (alte Bezeichnung: "Kontingentgewicht") weitere Zuschläge für den Schnittverlust G_S, für den Stangenendenabfall G_{StE} und für den Ausschuß G_{As} berücksichtigt werden müssen [22]. Es ist dann:

$$G_B = G_A + G_S + G_{StE} + G_{As}$$

Die Zuschläge für den Schnittverlust und Stangenendenabfall lassen sich leicht berechnen. Richtwerte für den Ausschußzuschlag in Abhängigkeit vom Werkstückgewicht, vom Schwierigkeitsgrad und von der Losgröße können einer Arbeit von KAESSBERG entnommen werden [23].

.2 Der Ausgangsquerschnitt

Wenn wir die erforderliche Werkstoffmenge ermittelt haben, ist es nicht gleichgültig, welcher Ausgangsquerschnitt gewählt wird. Bei der Auswahl sind folgende Gesichtspunkte zu berücksichtigen:

1. Die Gestalt der Massenverteilungs-Zwischenform
2. die Herstellung der Massenverteilungs-Zwischenform
    21 der gewünschte Faserverlauf
    22 das Herstellverfahren
    23 die Umformmaschine
3. das Trennverfahren
4. das Wärmverfahren
5. der Preis des Walzprofiles
6. die Möglichkeit, ein Sonderprofil zu verwenden.

Häufig gibt schon die Gestalt der Massenverteilungs-Zwischenform einen Hinweis auf die zu wählende Ausgangsform. Das gilt besonders für Teile, die wenig umgeformt werden und für solche, bei denen ein Teil der Ausgangsform erhalten bleiben kann, z.B. lange Hebel mit kleinen Köpfen. Bei der Querschnittsauswahl sind dann nur die zu erwartenden Grat- und Abbrandverluste zu berücksichtigen. Besonders sorgfältig muß der Ausgangsquerschnitt für Werkstücke bestimmt werden, deren Stückzahl so gering ist, daß sich eine Zwischenformung nicht lohnt. NÖTHE gibt hierfür einige sehr anschauliche Beispiele [24].

Die Festigkeitseigenschaften der Gesenkschmiedestücke werden wesentlich durch den Faserverlauf beeinflußt; dieser entsteht durch die Streckung des Gußgefüges beim Walzen. Die im Gußblock befindlichen, unterschiedlich reinen Werkstoffschichten (Seigerungen) bilden eine in Walzrichtung laufende, bandförmige Zeilenstruktur, die "Faser" genannt wird. Die Festigkeit, Dehnung und Kerbzähigkeit des Werkstoffes verbessern sich in Faserrichtung, können aber u.U. quer dazu abnehmen. Daher muß schon bei der Wahl des Ausgangsquerschnittes und bei der Herstellung der Massenverteilungs-Zwischenform darauf geachtet werden, daß die Faserrichtung mit der späteren Hauptbeanspruchungsrichtung des Werkstückes übereinstimmt.

Je nach der Größe des Ausgangsquerschnittes gibt es drei grundlegende Arten zur Herstellung der Zwischenform Z_M, zu denen verschiedene Maschinen und Werkzeuge verwendet werden. Die Herstellarten sind in Abbildung 19 am Beispiel eines Werkstückes mit Kopf und Schaft vereinfacht dargestellt. Häufig ist es nicht gleichgültig, welcher Ausgangsquerschnitt gewählt wird, denn der Faserverlauf ist z.B. in einem ungestauchten Kopf (a) anders, als in einem gestauchten (c). Die letztere Form wird bevorzugt, wenn der Kopf später eine Verzahnung erhält, denn durch den Faserverlauf wird eine höhere Biegewechselfestigkeit der Zähne erreicht[33

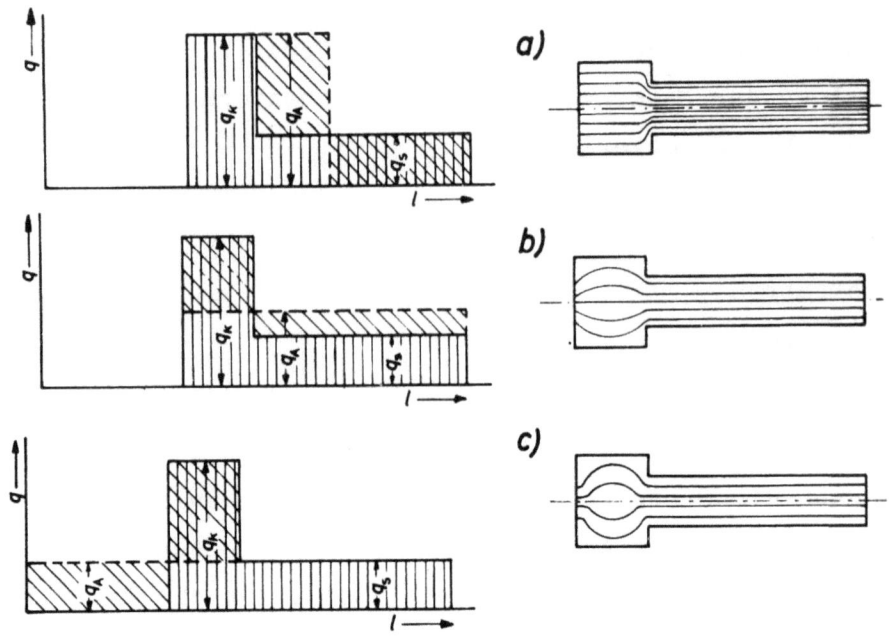

Abbildung 19

Einfluß des Herstellverfahrens der Zwischenform Z_M auf den Faserverlauf im Werkstück. (Darstellung vereinfacht.)

a) Ausgangsquerschnitt q_A = Kopfquerschnitt q_K; Schaft gestreckt
b) Ausgangsquerschnitt q_A = mittl. Zwischenformquerschnitt q_m; Kopf gestaucht, Schaft gestreckt
c) Ausgangsquerschnitt q_A = Schaftquerschnitt q_S; Kopf gestaucht

Die Biegebeanspruchung ruft im Zahnfuß Zug- bzw. Druckspannungen hervor, die annähernd parallel zur Faserrichtung verlaufen, während sie am ungestauchten Kopf quer dazu wirken.

Beim Sägen von großen Ausgangsquerschnitten entstehen beträchtliche Schnittverluste. Man strebt unter diesem Gesichtspunkt einen kleinen Ausgangsquerschnitt an. Auch für das Scheren sind kleine Ausgangsquerschnitte günstiger, denn hierbei bleiben die durch schiefen Schnitt verursachten Gewichtsabweichungen kleiner als bei größeren Querschnitten.

Besondere Bedeutung gewinnt der Ausgangsquerschnitt beim Formscheren oder "Spalten". Hierbei wird die Massenverteilungs-Zwischenform unmittelbar aus dem Walzprofil mit Hilfe eines Formschnittes verlustlos herausgeschnitten, wodurch in erheblichem Maße Umformarbeit und Werkstoff gespart werden kann. Das vorwiegend in der Remscheider und Solinger Werkzeug- und Schneidwarenindustrie verbreitete Verfahren dient zur Herstellung flacher Massenteile, wie Schraubenschlüssel, Zangen, Messerklingen usw., bei denen der Faserverlauf keine große Rolle spielt. Es läßt sich nämlich meistens nicht vermeiden, daß die Faser schräg oder quer zur Längsachse des Werkstückes liegt. Nach dem Massenverteilungsschaubild wird die Zwischenform Z_M so konstruiert, daß sich die Werkstückkanten ohne Verlust aneinander anschließen; diese Anordnung bezeichnet man mit Flächenschluß. Als Ausgangsquerschnitt dient in der Regel Flachstahl, dessen Dicke entsprechend der Werkstückhöhe gewählt wird, während die Breite von der Lage und Form des Spaltstückes abhängt. In gewissen Grenzen kann man den Entwurf des Spaltstückes der Breite des Walzprofiles anpassen, indem es mehr oder weniger schräg zur Längsachse des Walzprofiles gelegt wird [25]. Ein Verfahren zur Bestimmung der Spaltstückform wird von VOIGTLÄNDER beschrieben [26].

Der Abbrandverlust in gas- oder ölgefeuerten Öfen ist bei großen Ausgangsquerschnitten niedriger als bei kleinen, weil das Verhältnis von Querschnittsfläche zu Umfang günstiger ist. Bei den modernen Verfahren der elektrischen Widerstandserwärmung und der induktiven Erwärmung spielt dagegen die Größe des Ausgangsquerschnittes hinsichtlich des Abbrandes praktisch keine Rolle mehr, denn die Abbrandverluste sind sehr gering. Für die Widerstandserwärmung sind sogar kleine Querschnitte erwünscht, weil dadurch die Stromstärken beschränkt werden können. Bei der induktiven Erwärmung stehen der Ausgangsquerschnitt und die Frequenz der Anlage in einem engen Abhängigkeitsverhältnis zueinander; je besser beide aufeinander abgestimmt sind, umso wirtschaftlicher arbeitet die Anlage [27].

Einen wesentlichen Einfluß auf die Wahl des Ausgangsquerschnittes hat der Werkstoffpreis. Abbildung 20 enthält eine Zusammenstellung der auf die Querschnittsfläche bezogenen Preise (Stand v. 1.8.1956) für Stabstahlprofile und Knüppel der Qualität C 45 (SM-Güte); die gleichen Verhältnisse gelten auch für die anderen Stahlsorten, es ändern sich nur die Güteaufschläge auf den Grundpreis [28][6].

Bei gleicher Querschnittsfläche ist nicht immer das billigste Walzprofil das günstigste. Manchmal kann an Stelle von Rund- oder Quadratstahl ein anderes Profil verwendet werden, wenn dadurch Einsparungen an Werkstoff, Werkzeugen oder Arbeitszeit zu erzielen sind, die den Mehrpreis übersteigen. Das ist z.B. beim Spaltverfahren der Fall, wo grundsätzlich Flachstahl als Ausgangsquerschnitt verwendet wird. Auch andere Querschnitte

---

6. Die Preise setzen sich aus dem Handelsgrundpreis, dem Güteaufpreis und dem Abmessungsaufpreis zusammen. Frachten, Rabatte, durchlaufende Posten und sonstige Aufpreise wurden nicht berücksichtigt

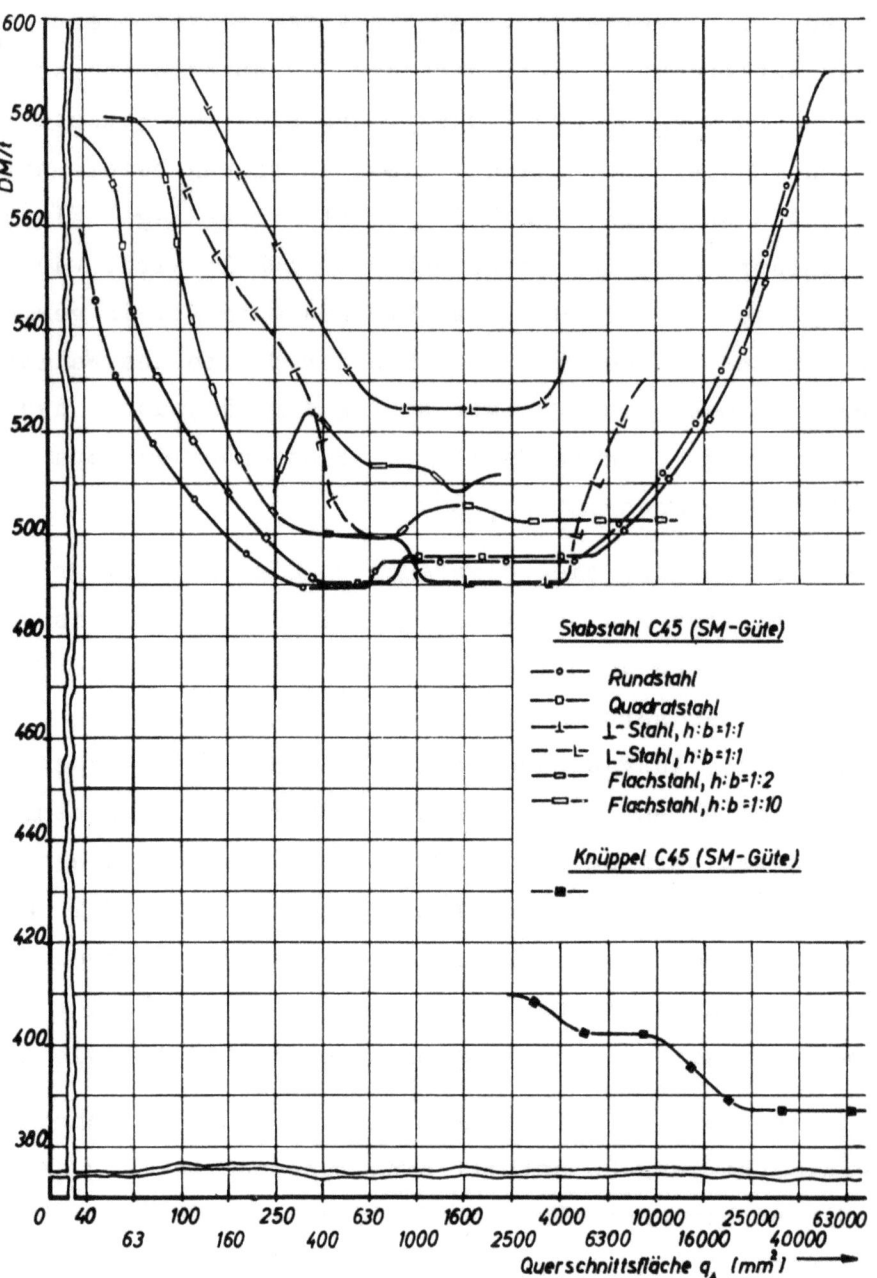

Abbildung 20

Preise für Stabstahl und Knüppel bei verschiedenen Querschnittsflächen (nach [28])

kommen u.U. in Frage; Abbildung 21 zeigt z.B. ein aus T -Stahl hergestelltes Gesenkschmiedestück. Es wird in zwei Richtungen geschmiedet, abgegratet und warm nachgeprägt.

Durch die Verwendung von gewalzten Sonderprofilen wird praktisch die ganze Massenverteilung ins Walzwerk verlegt, wo sie mit geringerem Aufwand und größerer Mengenleistung durchgeführt werden kann. Selbstverständlich ist dieses Verfahren nur bei Massenfertigung wirtschaftlich.

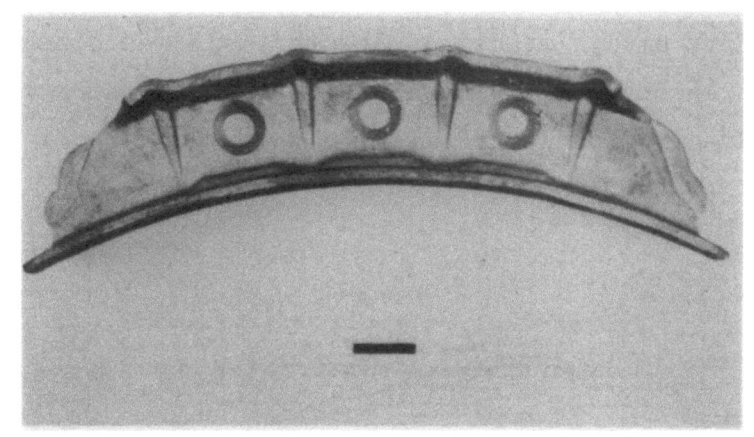

Abbildung 21

Gesenkschmiedestück aus T-Stahl

In den USA werden z.B. Sonderprofile für Kurbelwellen gewalzt [29], und zwar so, daß jeweils mehrere Kurbelwellen-Zwischenformen in einer Stange enthalten sind (Abb.22). In ähnlicher Weise walzt ein amerikanisches Kraftfahrzeugwerk Vorderachsen. Jede Stange enthält 12 Achsen, die in 6 Stichen eine Zwischenform ergeben, nach der nur noch die Federauflagen und Achsschenkellager fertig zu formen sind [30]. Nach LASSEK werden ferner auch Sonderprofile für Pleuelstangen, Nockenwellen, Schraubenschlüssel, Kettenglieder usw. gewalzt [31]. Sowohl bei den Vorderachsen als auch bei den von LASSEK erwähnten Sonderprofilen wird nicht nur die Massenverteilung sondern auch schon die Querschnittsvorbildung im Walz-

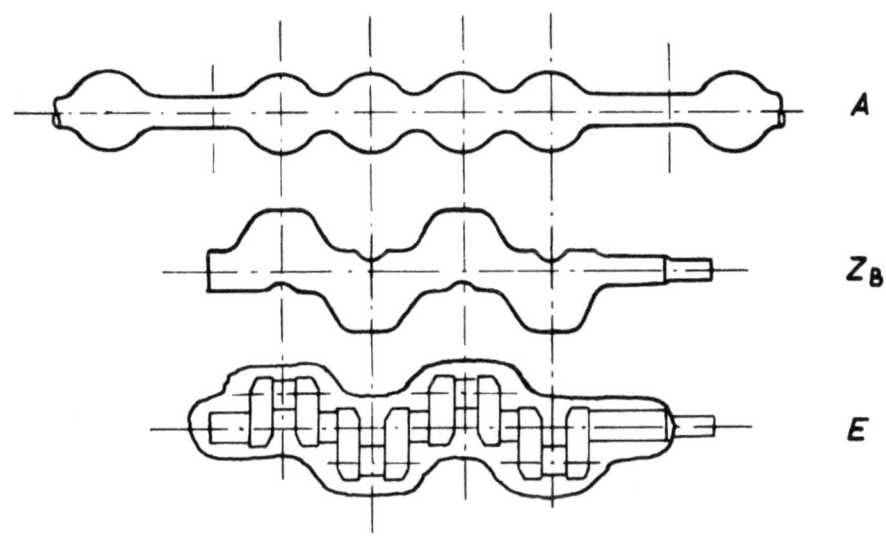

Abbildung 22

Gewalztes Sonderprofil als Ausgangsform für eine Kurbelwelle (nach [29])

werk durchgeführt; um die richtigen Abschnittslängen einzuhalten, walzt
man mit Grat (s.Abschn.234). Neuerdings beginnt man auch in Deutschland
mit der Verwendung von Sonderprofilen, z.B. für Kipphebel (Abb.23).

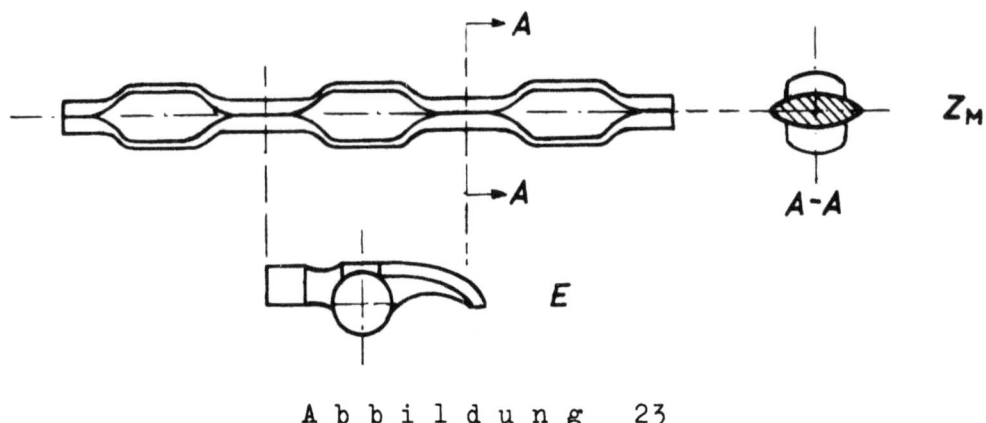

Abbildung 23

Gewalztes Sonderprofil als Ausgangsform für Kipphebel

Gezogene Profile kommen für solche Werkstücke in Frage, bei denen ein
Teil der Ausgangsform weder umgeformt noch spanend bearbeitet werden soll;
hierzu gehören z.B. Ventile, deren Köpfe auf Elektrostauchmaschinen vor-
gestaucht und unter Spindelpressen geschmiedet werden, während der Schaft
unbearbeitet bleibt bzw. nur noch geschliffen wird. Ferner erscheint es
durchaus möglich, auch kaltgezogene Sonderprofile als Ausgangsquerschnitte für kleine Gesenkschmiedestücke hoher Genauigkeit, wie z.B. Näh- und
Schreibmaschinenteile, zu verwenden. Ähnliches gilt für stranggepreßte
Profile. Wenn auch die Technik des Strangpressens von Stahl noch in den
Anfängen steckt, so benutzt man heute schon häufig stranggepreßte Sonderprofile als Ausgangsquerschnitte für Leichtmetall- und Messing-Schmie-
destücke.

12 Die Fehlergeometrie

121 Fehler des Gesenkschmiedestückes

Fehlergrenzen für Gesenkschmiedestücke finden wir in Normen oder in
Einzelvorschriften; sie beziehen sich auf:

1. Größen, die für die Funktionserfüllung des Werkstückes maßgebend sind
und
2. Größen, die die Austauschbarkeit des Werkstückes gewährleisten [5].

Im einzelnen handelt es sich dabei um vier geometrische Größen, nämlich:
Längenmaße, Form, Lage (insbesondere Versatz) und Oberflächenrauheit.
Als weitere Größen kommen hinzu: das Gewicht und die Festigkeitseigenschaften (Gefüge, Härte, Faserstruktur).

Eine Übersicht über die Abhängigkeit der Fehler von LANGE [4], zeigt die mannigfach miteinander verknüpften Einflüsse besser als eine Beschreibung (Abb.24)[7]. In bezug auf die Ausgangs- und Zwischenformen finden

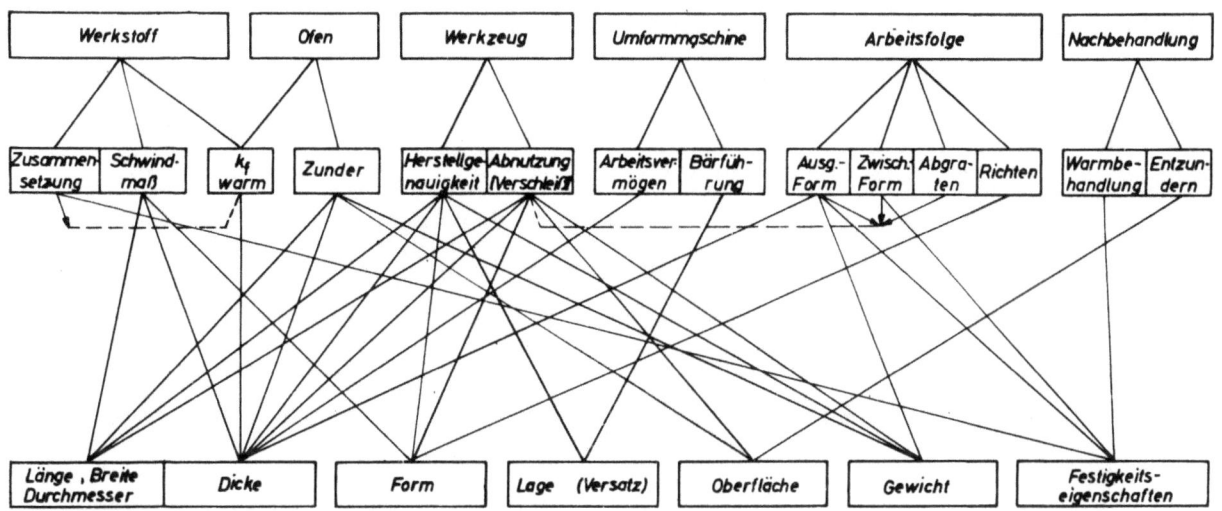

A b b i l d u n g   24

Einflüsse auf die Genauigkeit von Gesenkschmiedestücken (nach [4])
————— unmittelbare Einflüsse
------- mittelbare Einflüsse

wir darin zuerst die unmittelbar auf das Gewicht, die Dicke und die
Festigkeitseigenschaften wirkenden Einflüsse; diese wurden bereits in
Abschnitt 112 .3 bzw. 113 .2 erörtert. Im vorliegenden Abschnitt sind
somit nur noch die mittelbaren Einflüsse auf die Werkzeugabnutzung sowie
einige besondere, aus der Arbeitsfolge herrührende Fehler zu behandeln.

---

7. Der Verfasser erweiterte die Übersicht um die Einflüsse des Gewichtes
und der Festigkeitseigenschaften

122 Fehler des Werkzeuges

Die Werkzeuge werden beim Schmieden auf verschiedene Weise beansprucht:

1. durch Verformung
2. durch Verschleiß
3. durch Wärmeeinwirkung.

Die Preßkraft ruft im Werkzeug Spannungen hervor, die sich als federnde oder bleibende Verformungen auswirken. Beide Arten der Verformung teilen sich dem Werkstück mit, indem sie Maßänderungen hervorrufen.

In Abbildung 25 ist das Schmieden eines H-Profiles ohne Zwischenform dargestellt. Schon bei den ersten Schlägen auf die Ausgangsform werden die äußeren Kanten der Gravur und des Steges verformt (Abb.25a). Beim weiteren Eindringen des Werkstoffes verformen sich auch die Seitenwände, an denen der Werkstoff unter hohem Druck entlanggleitet (Abb.25b). Ist die Gravur dann gefüllt, so verformt sich zunächst die Gratbahn und bei den letzten Schlägen auch die Aufschlagfläche des Gesenkes; diese wird umso mehr verformt, je kleiner sie ist und je höher die überschüssige Schlagenergie ist. Besonders nachteilig ist es, wenn das Gegenwerkzeug dabei schief aufschlägt (Abb.25c). Während durch die bleibende Verformung stellenweise eine Verkleinerung der Gravur-Innenmaße bzw. eine Vergrößerung der Außenmaße hervorgerufen wird, bewirkt die damit verbundene Gesenkwerkstoffverlagerung an anderen Stellen das Gegenteil. Die Folge davon ist, daß das Werkstück klemmt und sich schlecht aus der Gravur heben läßt.

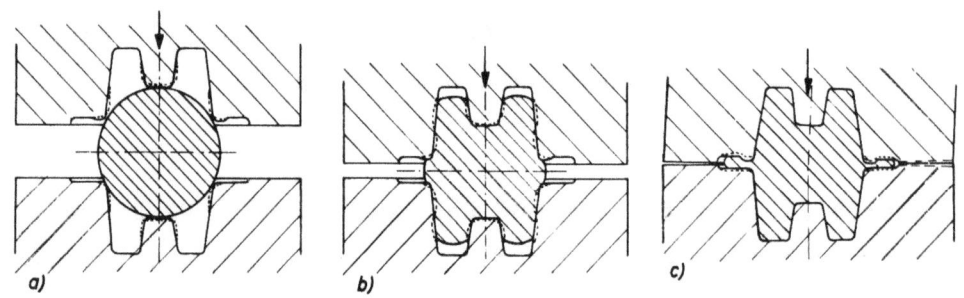

Abbildung 25

Verformungen des Werkzeuges beim Gesenkschmieden
        a) Verformung der Gravurkanten
        b) Verformung der Gravurwände
        c) Verformung der Gratbahn und
           Aufschlagfläche (schiefer Schlag)

Unter Verschleiß im Sinne des Normblatt-Entwurfes DIN 50 320 ist die Abtragung kleinster Teilchen von der Werkzeugoberfläche infolge mechanischer Beanspruchung zu verstehen. Entsprechend der jeweiligen Beanspruchungsweise sind drei Arten von Oberflächenverschleiß zu unterscheiden [4, 32]:

1. Verschleiß durch senkrecht oder annähernd senkrecht auf die Werkzeugwand wirkenden <u>Druck</u> des Werkstoffes, erkennbar an einer feinnarbigen, mitunter auch netzförmigen Werkzeugoberfläche (Abb.26a). Dieser Verschleiß ist verhältnismäßig geringfügig.
2. Verschleiß durch <u>Gleitreibung</u>; es werden Teilchen der Gesenkoberfläche mitgerissen, so daß sich tiefe Verschleißriefen in Gleitrichtung bilden (Abb.26b).
3. Zwischen der Druck- und Gleitreibungszone befinden sich ein Übergangsgebiet, in dem Verschleiß durch <u>Schubdruck</u>, d.h. schräg zur Gesenkwand wirkende Kräfte, die aber nicht ausreichen, den Werkstoff zum Gleiten zu bringen, entsteht. Infolge der Haftreibung bilden sich senkrecht zu den Riefen der Gleitreibungszone stehende Furchen und Schuppen (Abb.26c).

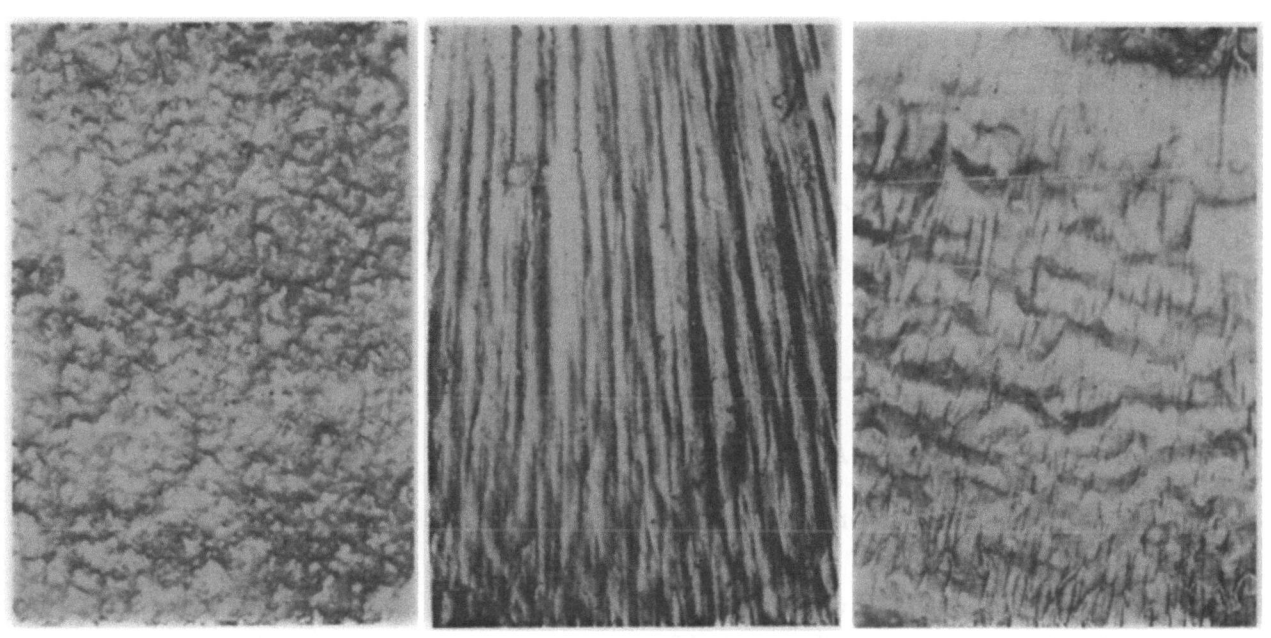

Gesenk-Oberflächenverschleiß durch: ⊢―⊣ 1 mm

a) Druck b) Gleitreibung c) Schubdruck

A b b i l d u n g   26

Oberflächenverschleiß an Schmiedegesenken (nach [32])

Die fortlaufende Änderung der Gravurmaße durch Verformung und Verschleiß darf bei Zwischenformwerkzeugen in verhältnismäßig weiten Grenzen erfolgen. Beim Endwerkzeug sind dagegen nur kleine Maßänderungen zulässig. Hier setzt nun die Bedeutung der Zwischenformen für die Maßgenauigkeit großer Werkstückmengen ein. Wenn nämlich anstelle der Ausgangsform eine nach den Regeln in Abschnitt 112 gestaltete Zwischenform in das Endwerkzeug eingebracht wird, kann die Endform mit ein oder zwei leichten Schlägen fertiggeschmiedet werden; hierdurch verringert sich die Verschleißbeanspruchung und infolge der kürzeren Berührdauer zwischen Werkstück und Gravur auch die Wärmebeanspruchung. Der Verlauf der Gesenkmaßänderung ist somit ein wichtiges Kriterium für die zweckmäßige Gestaltung der letzten Zwischenform (s.Abb.13).

Die Gesenkmaßänderung ist an verschiedenen Stellen eines Querschnittes im allgemeinen nicht gleich groß (Abb.27).

Durch sorgfältige Zwischenformung versucht man nun, einen möglichst gleichmäßigen Verlauf der Gesenkmaßänderung an allen Stellen zu erreichen; zwar wird dieser Idealfall praktisch kaum eintreten, aber es lassen sich zweifellos gewisse Verbesserungen erzielen.

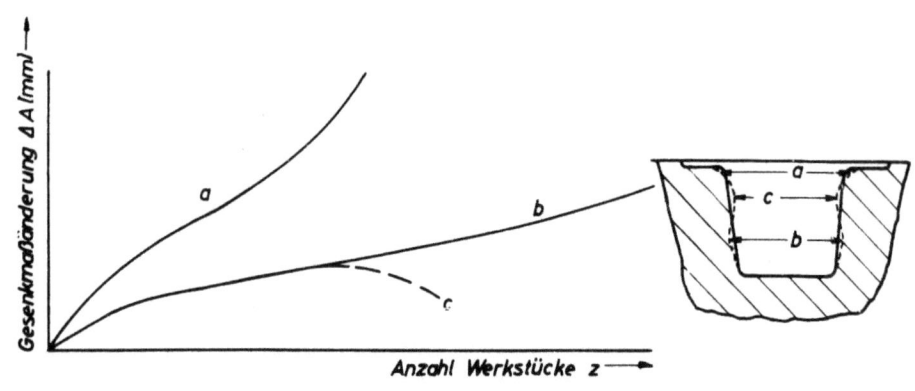

Abbildung 27

Verlauf der Gesenkmaßänderung an verschiedenen Stellen eines Querschnittes

a) überwiegende Verformung,
b) überwiegender Verschleiß,
c) Verschleiß mit nachfolgender Verformung in entgegengesetzter Richtung; Gesenkwerkstoff wandert von a nach c

Von ebenso großer Bedeutung sind Verschleißvergleiche zwischen mehreren Stellen gleicher oder ähnlicher Lage in einer Gravur. Zeigen sich hierbei stärkere Abweichungen, so ist mit großer Sicherheit daraus zu schließen, daß an den Stellen mit steilerem Kurvenverlauf die letzte Zwischenform ungünstig ist. In einer Studie hierüber wurden die Kurven für den Verlauf von drei tolerierten Maßen eines Gesenkschmiedestückes in einem Schaubild zusammengestellt (Abb.28). Als Maßstab für die senkrechte Achse wurde das Verhältnis zwischen dem Istwert ΔA der Gesenkmaßänderung und der gesamten zulässigen Gesenkmaßänderung, somit $\frac{\Delta A}{T-T_E}$ benutzt; hierin ist T die für das jeweilige Nennmaß vorgeschriebene Schmiedetoleranz, die die Maßschwankung T_E von Stück zu Stück und die zulässige Gesenkabnutzung umfaßt. Bei dem Wert $\frac{\Delta A}{T-T_E} = 1$ ist für alle Meßstellen die obere Toleranzgrenze erreicht. Maßnahmen zur Vergrößerung der Standmenge des Werkzeuges müssen an den Stellen beginnen, deren Kurven die größte Steigung oder größte Ordinate haben. In Abbildung 28 beträgt die Standmenge 6000 Stück, weil hierbei das Breitenmaß die Toleranzgrenze überschreitet. Offensichtlich ließe sich die Standmenge beträchtlich steigern, wenn die Zwischenform Z_Q schmaler als die Endform ausgeführt würde, so daß der Breitenverschleiß verringert würde, denn die übrigen Toleranzen werden nur etwa zur Hälfte ausgenutzt.

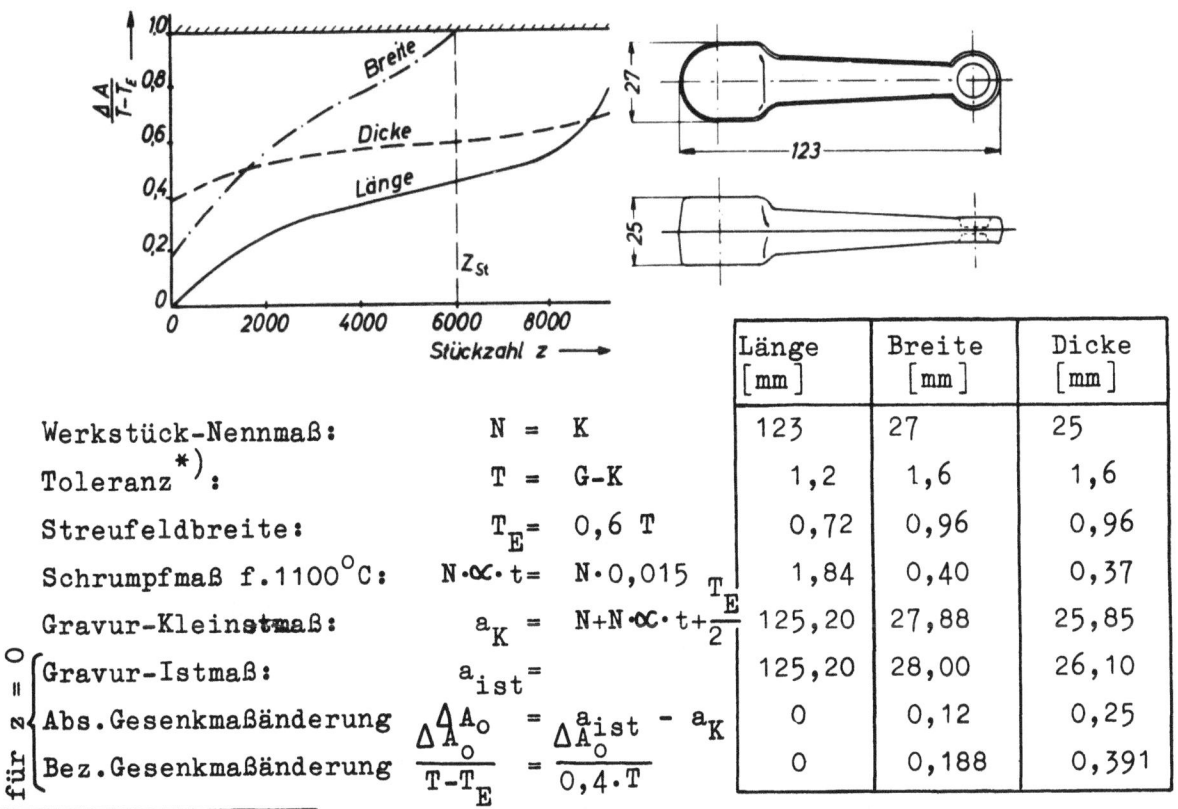

			Länge [mm]	Breite [mm]	Dicke [mm]
Werkstück-Nennmaß:	N = K		123	27	25
Toleranz*):	T = G-K		1,2	1,6	1,6
Streufeldbreite:	T_E = 0,6 T		0,72	0,96	0,96
Schrumpfmaß f.1100°C:	N·α·t = N·0,015		1,84	0,40	0,37
Gravur-Kleinstmaß:	a_K = N+N·α·t+$\frac{T_E}{2}$		125,20	27,88	25,85
für z=0 { Gravur-Istmaß:	a_{ist} =		125,20	28,00	26,10
Abs.Gesenkmaßänderung	ΔA_o = $\Delta a_{ist} - a_K$		0	0,12	0,25
Bez.Gesenkmaßänderung	$\frac{\Delta A_o}{T-T_E}$ = $\frac{\Delta A_o}{0,4·T}$		0	0,188	0,391

*)Toleranzen nach TeRiG [33] für Normalschmiedestücke, jedoch als Plus-Toleranzen

Abbildung 28

Verlauf der bezogenen Gesenkmaßänderung für drei tolerierte Maße eines Gesenkschmiedestückes

123 Fehler durch die Arbeitsfolge

Einige typische Fehler, die durch die Arbeitsfolge verursacht werden, wurden von RAUHAUS [19] untersucht. Von den fünf Fehlergruppen interessieren hier nur die folgenden:

1. Fehler durch falsche Abmessungen der Ausgangs- bzw. Zwischenformen,
2. Fehler durch falsche Biege-Zwischenformen und falsches Einlegen in die Gravur.

Falsche Abmessungen der Ausgangsform machen sich besonders bei H-Querschnitten bemerkbar, wobei es grundsätzlich ohne Bedeutung ist, ob die Endform eine Scheibe mit Rand oder ein Werkstück mit langer Hauptachse ist (s.Abschn.112.3). In Abbildung 29a können wir bei der Verwendung eines hohen, schmalen Ausgangsquerschnittes die Bildung von Falten an den Innenseiten des Randes gut verfolgen. Geht man dagegen von einem niedrigeren Ausgangsquerschnitt gleicher Größe aus, so füllt sich die Gravur in Höhenrichtung erst kurz vor dem Ende der Umformung, ohne daß Falten auftreten (Abb.29b).

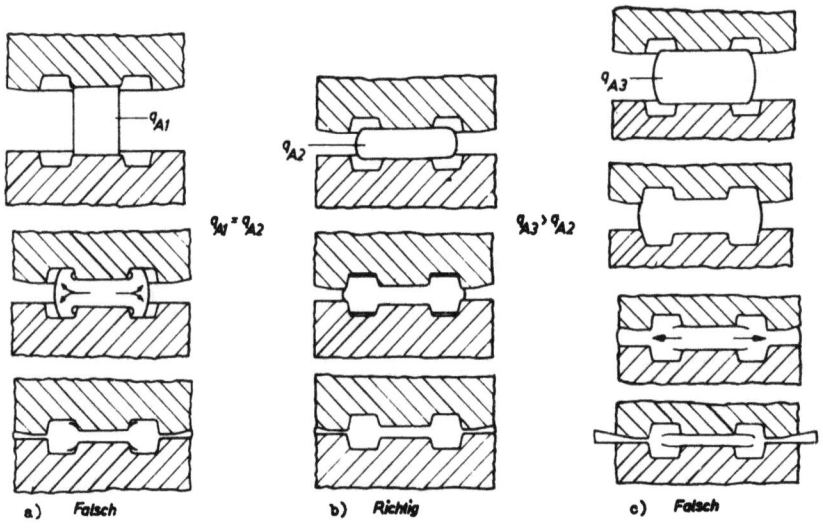

Abbildung 29

Das Schmieden von H-Profilen mit Ausgangsformen verschiedener Querschnittsform und Querschnittsgröße

Ein anderer Fehler, der häufig mit dem oben genannten verwechselt wird, entsteht durch zu große Ausgangsquerschnitte (Abb.29c). Dabei wird der Rand schon gefüllt, lange bevor die Endhöhe des Werkstückes erreicht ist. Nun fließt der überschüssige Werkstoff aus dem Mittelsteg unmittelbar in den Grat, wobei der Rand mehr oder weniger weit abgetrennt wird. Abbildung 30 veranschaulicht diesen Fehler an einem Pleuelstangenschaft.

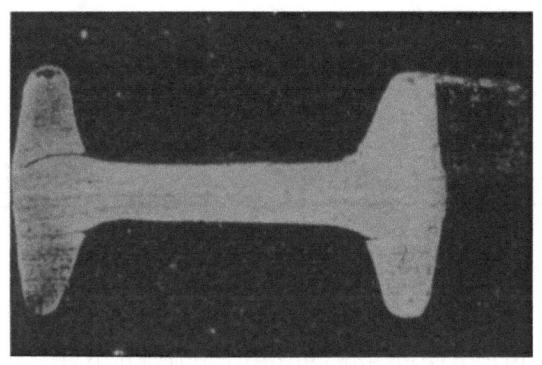

A b b i l d u n g   30

Risse in einem Pleuelstangenschaft durch Verwendung eines zu großen Ausgangsquerschnittes

Nach RAUHAUS soll, was ohne weiteres einleuchtet, die Biegezwischenform den gleichen Biegewinkel wie die Endform haben. Ist ein Endwinkel von 90° vorgeschrieben, so wirkt sich ein zu starkes Biegen (70°) ungünstiger aus, als ein zu geringes Biegen (110°), weil dadurch schon in der Zwischenform die Gefahr der Faltenbildung vergrößert wird. In allen drei Versuchsreihen mit Biegewinkeln von 70, 90 und 110° wurde das Werkstück jeweils innen, mittig und außen in die Gravur eingelegt. Bei den Zwischenformen mit 90° Biegewinkel erwies sich das Einlegen innen als günstigste Art, weil sich der Werkstoff dabei am gleichmäßigsten in der Gravur verteilt und die Falte im Biegehalbmesser in den Grat verdrängt wird (Abb.31)[8].

Die Faltenbildung macht allgemein bei kleinen Biegehalbmessern Schwierigkeiten; sie entsteht dadurch, daß die von den beiden Schenkeln in den Grat abfließenden Werkstoffmengen gegeneinanderstoßen, ohne sich miteinander zu verbinden (Abb.32). Die Falte setzt sich häufig bis in das

---

8. Für Werkstücke dieser Art ist eine Zwischenform zur Querschnittsvorbildung besonders wichtig, weil die inneren Gravurkanten durch das einseitige Einlegen stark beansprucht werden und schnell verschleißen

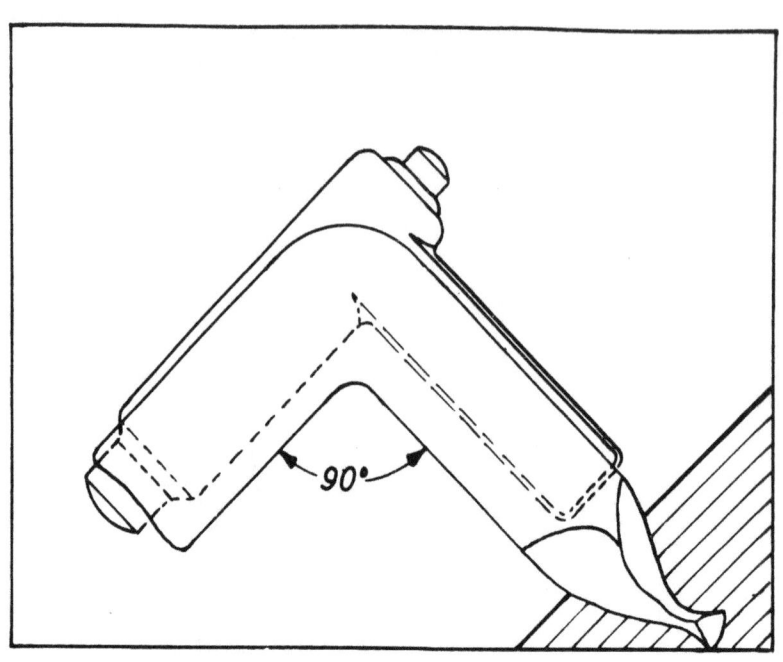

Abbildung 31

Richtiges Einlegen einer Biege-Zwischenform in die Gravur (nach [19])

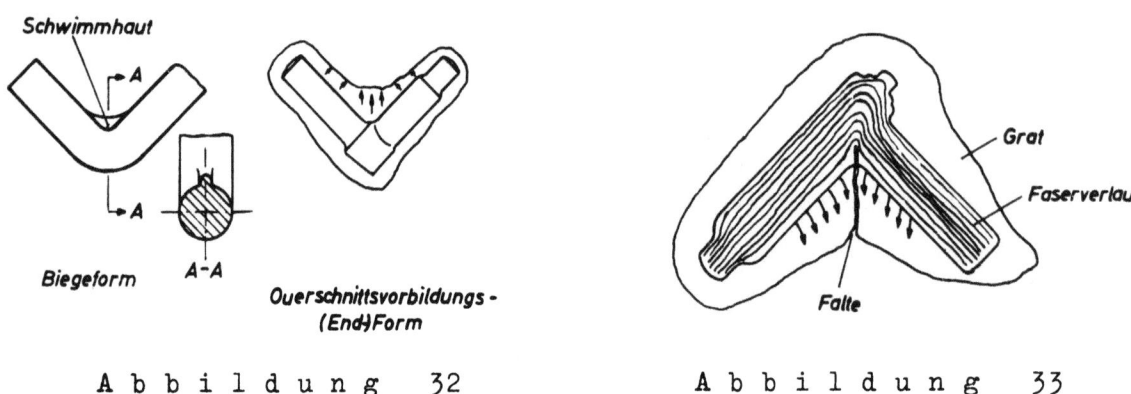

Abbildung 32

Entstehung einer Falte durch Gratstauung (sog. Stich) (nach [19])

Abbildung 33

Biege-Zwischenform mit Schwimmhaut zur Verhinderung der Faltenbildung (nach [24])

Werkstück fort. Ein bemerkenswerter Vorschlag zur Abhilfe wurde von NÖTHE gemacht; er besteht darin, schon die Biegezwischenform mit einer sog. "Schwimmhaut" zu versehen (Abb.33). Der in diesem Vorsprung befindliche Werkstoff bildet beim Schmieden sofort einen halbkreisförmigen Grat und verhindert so die Entstehung einer Falte [24].

13 Zusammenfassung zu Abschnitt 1

Die Technik des Gesenkschmiedens - als geometrisches Problem gesehen - stellt die Aufgabe, von einem Ausgangsstück, z.B. einem Stangenabschnitt, in einem Arbeitsgang oder stufenweise zu einer Endform zu gelangen. Zwischen Ausgangs- und Endform entstehen somit Zwischenformen, deren Beherrschung aus wirtschaftlichen Gründen wichtig ist, nämlich

1. zur Erzielung einer kleinstmöglichen Zahl von Zwischenformen
2. zur Verringerung des Gratabfalles
3. zur Schonung der Werkzeuge, insbesondere der Endwerkzeuge.

Für die beim Gesenkschmieden vorkommenden Endformen wurde ein Ordnungssystem aufgebaut, welches nicht nur für die hier vorzunehmende Klärung des Zwischenformproblems klassenweise Richtlinien aufzustellen erlaubt, sondern auch für andere Zwecke, wie z.B. für die Ermittlung des Werkstoffbedarfes und der erforderlichen Umformarbeit, Formenklassen als Einheiten benutzen läßt. Die drei oberen Formenklassen sind:

1. gedrungene Formen
2. Scheibenformen
3. Langformen.

Innerhalb jeder Formenklasse dienen Formengruppen und Untergruppen zur weiteren Gliederung nach der Form und Länge der Hauptachse sowie nach der Art und Anordnung der Nebenformelemente.

Die Zwischenformen lassen sich nun einmal nach den obigen Formenklassen ordnen, zum anderen nach ihrem schmiedetechnischen Zweck; hierbei sind zu unterscheiden:

1. Massenverteilungs-Zwischenformen: diese stellen meist die erste Umformstufe dar. Der Werkstoff wird vorwiegend in Richtung der Längsachse des Werkstückes verteilt. Zum Entwurf der Zwischenformen dient das Massenverteilungsschaubild.

2. Biege-Zwischenformen: sie sind für alle Werkstücke mit gebogener Hauptachse erforderlich.

3. Zwischenformen zur Querschnittsvorbildung: diese dienen der weiteren Werkstoffverteilung und zwar hauptsächlich quer zur Werkstücklängsachse.

Es wurden Gestaltungsregeln für die Zwischenformen entwickelt und an Beispielen aus der Praxis erläutert.

Da auch die Ausgangsformen für die Gestaltung der Zwischenformen von Bedeutung sind, wurde für die Bestimmung ihrer Werkstoffmenge ein Arbeitsschaubild entworfen; auch für die Wahl der Ausgangsquerschnitte wurden einige Richtlinien ausgearbeitet.

Fehler bei der Gestaltung der Ausgangs- und Zwischenformen wirken sich in erhöhtem Verschleiß der Endwerkzeuge aus. Durch geeignete Meß- und Auswerteverfahren lassen sich die Fehlerquellen ermitteln. Die Auswirkungen einiger häufig vorkommender Fehler wurden an Beispielen gezeigt.

2 Die Formbildung an Zwischenformen durch Walzen

Neben den Herstellverfahren für Zwischenformen in Gestalt des Reckens oder Rollens unter dem Hammer, bzw. des Pressens, hat das Form- oder Reckwalzen wegen seiner Wirtschaftlichkeit eine größere Bedeutung gewonnen. Zwar gelten für die so hergestellten Zwischenformen auch die in Abschnitt 1 enthaltenen Gesetzmäßigkeiten, sie müssen aber im Hinblick auf die geometrische Besonderheit der Walzwerkzeuge und ihrer Bewegung ergänzt werden. Für die Walzwerkzeuge sind Gestaltungsgrundsätze herauszuarbeiten und durch Versuche zu überprüfen.

Das Reckwalzen dient, wie das Reckschmieden, zum Strecken von Ausgangsformen aus Stabstahl oder Walzknüppeln und wird vorwiegend zur Herstellung der Massenverteilungs-Zwischenformen benutzt. Es hat gerade hierfür seine besondere Bedeutung, weil die ihm eigene Ungenauigkeit bezüglich der Längsabstände der zu walzenden Profile für Zwischenformen genügend eingeschränkt werden kann, während diese für genaue Endformen in der Regel zu groß ist.

Gegenüber dem Reckschmieden hat das Reckwalzen vor allem folgende Vorteile:

1. Höhere Mengenleistung
2. Werkstoffersparnis
3. Gleichmäßigere Werkstückabmessungen.

Die höhere Mengenleistung des Walzens ist darauf zurückzuführen, daß die Querschnittsverminderung fortlaufend mit einer hohen Geschwindigkeit erfolgt, während sie beim Reckschmieden durch die Aneinanderreihung von einzelnen Hammerschlägen erreicht werden muß. Da die Breite der Hammerwerkzeuge begrenzt ist, wächst das Verhältnis zwischen der Ausbringung aus der Walze und der aus dem Hammer mit zunehmender Werkstücklänge. Der geringere Zeitbedarf beim Walzen hat zur Folge, daß die Werkstücke weniger

Wärme verlieren und daher sofort fertiggeschmiedet werden können, während nach dem Reckschmieden häufig nachgewärmt werden muß. Werkstoffersparnisse werden beim Walzen dadurch erzielt, daß der Gratzuschlag verkleinert werden kann, weil die Zwischenformen genauer und gleichmäßiger herzustellen sind als durch Reckschmieden. Ihre gleichmäßigen Abmessungen tragen dazu bei, daß auch die Endformen gleichmäßiger werden; dadurch sinkt der Fertigungsausschuß. Außerdem erhöht sich die Standmenge der Schmiedewerkzeuge durch den geringeren Werkstoffüberschuß der Zwischenformen.

Die Schwierigkeiten bei der Herstellung der Walzwerkzeuge rühren daher, daß nicht die kongruente Gegenform des Werkstückes, sondern eine Wälzform und zwar mit Querschnittswechseln in Walzrichtung erzeugt werden muß. Dies ist offensichtlich ein wesentlicher Grund dafür, daß sich das Reckwalzen bisher noch nicht so durchgesetzt hat, wie man es auf Grund seiner mannigfachen Vorteile erwarten könnte [34].

21 Die Schmiedewalzmaschinen

Die Walzmaschine ist in der Schmiedeindustrie schon seit langer Zeit für das Walzen einfacher Endformen, z.B. Spitzhacken, Gabeln, Schaufelblätter, Pflugschare, Hufeisen, Gewehrläufe usw., zum Anspitzen und für andere Sonderzwecke (z.B. Nuten von Wendelbohrern) bekannt. Diese Teile können nicht im Durchlaufverfahren gewalzt werden. Daher arbeitete man die Gravuren nicht in den Walzenkörper selbst, sondern in Segmente ein, die nur einen Teil des Walzenumfanges einnehmen und auf die Grundwalze aufgesetzt werden.

Gewalzt wurde im sog. Rücklaufverfahren, d.h., das Werkstück wurde durch den Walzenspalt gegen einen Anschlag geschoben und von den zugreifenden Walzsegmenten nach vorn in Richtung auf den Bedienungsmann mitgenommen, wobei es gleichzeitig gestreckt wurde. Diesen Vorgang wiederholte man so oft, bis der gewünschte Querschnitt erreicht war. Die Walzen liefen dabei dauernd um.

Bei den neuzeitlichen Reckwalzen wurde das Rücklaufverfahren beibehalten. Die Walzen laufen jedoch nicht mehr dauernd um, sondern vollführen nach dem Einrücken einer Kupplung nur eine Drehung um $360°$; der Umfang der aufgesetzten Segmente, über $180°$ gerechnet, entspricht der größten Walzlänge. Der Bedienungsmann führt das Werkstück mit einer Zange, die gleichzeitig als Anschlag dient, zwischen die stillstehenden Walzen (Abb.34). Dabei kann er es sorgfältig ausrichten, um Verwalzungen zu vermeiden; das ist besonders bei Profilen mit starken Querschnittswechseln wichtig.

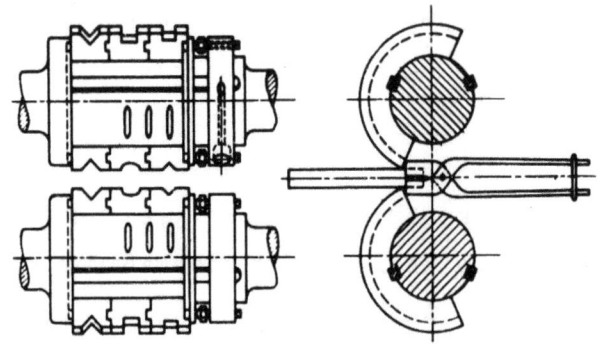

Abbildung 34

Anordnung der Werkzeuge auf der Grundwalze einer Schmiedewalzmaschine

Die Walzen sind im allgemeinen beidseitig gelagert (Abb.46). Manche Maschinen erhalten zusätzlich ein paar kurze, fliegend gelagerte Nebenwalzen mit ungeteilten Walzwerkzeugen; damit können Werkstücke mit Längen bis zu etwa 3/4 des Walzenumfanges ausgewalzt werden. Daneben gibt es Maschinen, die nur ein fliegend gelagertes Walzenpaar besitzen. Zur besseren Führung des Werkstückes werden mitunter Führungstische mit Nuten und verstellbaren Anschlägen vor und hinter dem Walzenspalt angebracht.

Eine Einscheiben-Reibungskupplung und eine Bremse - beide durch Druckluft betätigt - bewirken ein stoßfreies Einrücken und genaues Stillsetzen der Walzen nach einer Arbeitsdrehung. Ober- und Unterwalze sind durch ein Stirnräderpaar miteinander gekuppelt. Für die Genauigkeit der Arbeit ist es wichtig, daß der Walzenabstand in gewissen Grenzen verändert werden kann; das dadurch entstehende Flankenspiel zwischen den Stirnrädern läßt sich z.B. durch Verwendung eines radial geteilten Stirnrades, bei dem die eine Hälfte gegenüber der anderen verstellt werden kann, ausgleichen, so daß der Gleichlauf der Walzen erhalten bleibt.

Nach BRUCHANOW und REBELSKI werden in russischen Gesenkschmieden zum Walzen von Zwischenformen auch Walzvorrichtungen verwendet, die in Schmiedepressen und Waagerecht-Stauchmaschinen eingebaut sind [12]. Sie werden durch die Stößelbewegung angetrieben. Ihre Anwendung hat den Nachteil, daß die Mengenleistung der zum Schmieden der Endform vorgesehenen Maschinen unnötig verringert wird.

22 Die geometrischen Vorgänge im Walzspalt

Das Walzen bezweckt grundsätzlich eine Verminderung des Werkstückquerschnittes, womit meistens eine Veränderung der Querschnittsform im Sinne eines Breitens verbunden ist. Das eingesetzte Werkstück heißt, seiner Form entsprechend, "Stab", der einzelne Durchgang "Stich".

Zur Beschreibung der geometrischen Vorgänge im Walzspalt werden die folgenden Begriffe verwendet:

h_o, l_o, b_o, q_o	Höhe, Länge, Breite, Querschnitt vor dem Stich
h_1, l_1, b_1, q_1	Höhe, Länge, Breite, Querschnitt nach dem Stich
$h_1 - h_o = -\Delta h$	Höhenabnahme
$b_1 - b_o = \Delta b$	Breitenzunahme
$l_1 - l_o = \Delta l$	Längenzunahme
$q_1 - q_o = -\Delta q$	Querschnittsabnahme
v_o	Stabeintrittsgeschwindigkeit
v_1	Stabaustrittsgeschwindigkeit
v_x	Stabgeschwindigkeit an beliebiger Stelle
r	Walzenhalbmesser
v_u	Walzenumfangsgeschwindigkeit
l_d	gedrückte Länge des Walzstabes
α	Walzwinkel

221 Zylindrische Walzen

Wegen ihrer grundsätzlichen Bedeutung werden zunächst die Vorgänge zwischen zylindrischen Walzen besprochen.

Die Veränderung des Stabquerschnittes beginnt beim Eintritt in den Walzspalt A-A (Abb.35) und endet beim Verlassen des Spaltes E-E. Der Walzwinkel α ist der Winkel über dem Berührbogen A-E zwischen Stab und Walze. Seine Größe ist:

$$\cos \alpha = 1 - \frac{\Delta h}{2r} \qquad (1)$$

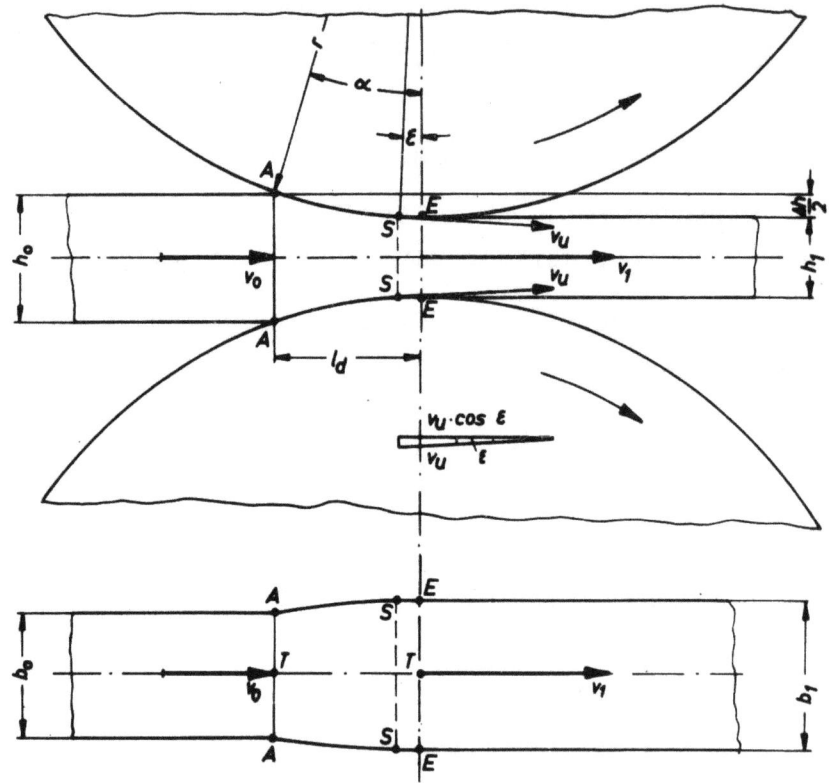

Abbildung 35

Die geometrischen Vorgänge im Walzspalt zylindrischer Walzen
S-S Längsfließscheide
T-T Querfließscheide

Die gedrückte Länge ist die Teillänge des Stabes, die im Walzspalt erfaßt wird:

$$l_d = \sqrt{r \cdot \Delta h - \frac{\Delta h^2}{4}} \approx \sqrt{r \cdot \Delta h} \qquad (2)$$

Da das Stabvolumen konstant ist, muß

$$v_o \cdot q_o = v_1 \cdot q_1 \qquad (3)$$

sein. Infolge der Querschnittsabnahme ergibt sich eine Zunahme der Stabgeschwindigkeit im Walzspalt, so daß eine Relativgeschwindigkeit zwischen Walzenoberfläche und Walzstab entsteht. An <u>einer</u> Stelle im Walzspalt, die im allgemeinen in der Nähe des Walzenaustrittes liegt, ist die Stabgeschwindigkeit gleich der waagerechten Komponente der Walzenumfangsgeschwindigkeit, d.h.,

$$v_x = v_u \cdot \cos \varepsilon$$

Da ε stets klein ist, wird $\cos \varepsilon \approx 1$ und damit $v_x = v_u$.

Diese Stelle, die durch Haftreibung zwischen Werkstoff und Walzenoberfläche gekennzeichnet ist, bezeichnet man als <u>Längsfließscheide</u> (S-S); sie ist zugleich die Angriffsstelle der resultierenden Walzkraft. Zwischen Stabeintrittsstelle und Längsfließscheide ist die Stabgeschwindigkeit kleiner als die Walzenumfangsgeschwindigkeit, hinter der Längsfließscheide bis zur Stabaustrittsstelle wird sie größer als die Umfangsgeschwindigkeit. Den Geschwindigkeitsunterschied am Stabaustritt E-E bezeichnet man mit <u>Voreilung</u> $v_1 - v_u$, bezieht sie auf die Umfangsgeschwindigkeit v_u und bildet den Begriff:

$$\chi = \frac{v_1 - v_u}{v_u} \tag{4}$$

Der Stabquerschnitt q_S an der Längsfließscheide ist maßgebend für die in der Zeiteinheit durchgeschobene Werkstoffmenge; daraus gewinnen wir die doppelte Gleichung für die Volumenkonstanz:

$$v_u \cdot q_S = v_o \cdot q_o = v_1 \cdot q_1 \tag{3a}$$

Der waagerechte Abstand e der Längsfließscheide von der Austrittsstelle ist von der Reibzahl μ und dem Walzwinkel α abhängig. HOFF und DAHL [35] leiten dafür die Beziehung

$$e = \frac{l_d}{2} \cdot (1 - \frac{l_d}{2 \cdot \mu \cdot r}) \tag{5}$$

ab. Darin ist $\frac{l_d}{r} = \sin\alpha$. Je kleiner die Reibzahl μ wird, umso kleiner wird e; d.h., die Längsfließscheide rückt bei geringerer Reibung näher an die Austrittsstelle heran. Gleichzeitig verkleinert sich auch der Geschwindigkeitsunterschied $v_1 - v_u$ und damit die bezogene Voreilung[9].

Wie von HOFF und DAHL ferner gezeigt wird, ist:

$$\chi = \frac{\varepsilon^2}{2} \cdot \frac{1}{\frac{h_1}{2 \cdot r}} \tag{6}$$

Darin ist ε der sog. Fließscheidenwinkel und $\frac{h_1}{2r}$ das sog. Dickenverhältnis. Aus diesen Beziehungen ergibt sich, daß die Voreilung vorwiegend von der Reibzahl μ und dem Dickenverhältnis $\frac{h_1}{2r}$ abhängig ist.

---

9. Über die weiteren Zusammenhänge zwischen χ, α und μ siehe [35]

Außer der Relativbewegung des Werkstoffes gegenüber der Walzenoberfläche in Walzrichtung, tritt auch eine solche quer dazu auf; d.h., der Werkstoff breitet sich entsprechend dem von der Mittellinie des Stabes nach beiden Seiten zu abnehmenden Fließwiderstand. Die Mittellinie wirkt dabei als <u>Querfließscheide</u> (T-T). Auch die Breitung ist von den geometrischen Größen und von den Reibungsverhältnissen im Walzspalt abhängig; die Zahl der Einflüsse und ihrer Kombinationsmöglichkeiten untereinander ist aber wesentlich größer, so daß die Vorausbestimmung der Breitung schwierig ist. Die zahlreichen, auf Grund von Versuchen aufgestellten Näherungsformeln gelten jeweils nur unter bestimmten Voraussetzungen [35].

<u>222 Walzen mit veränderlichem Halbmesser</u>

Wir betrachten nun einen Stab, der <u>ohne seitliche Begrenzung</u> mit einer Querschnittsänderung in Längsrichtung gewalzt wird (Abb.36).

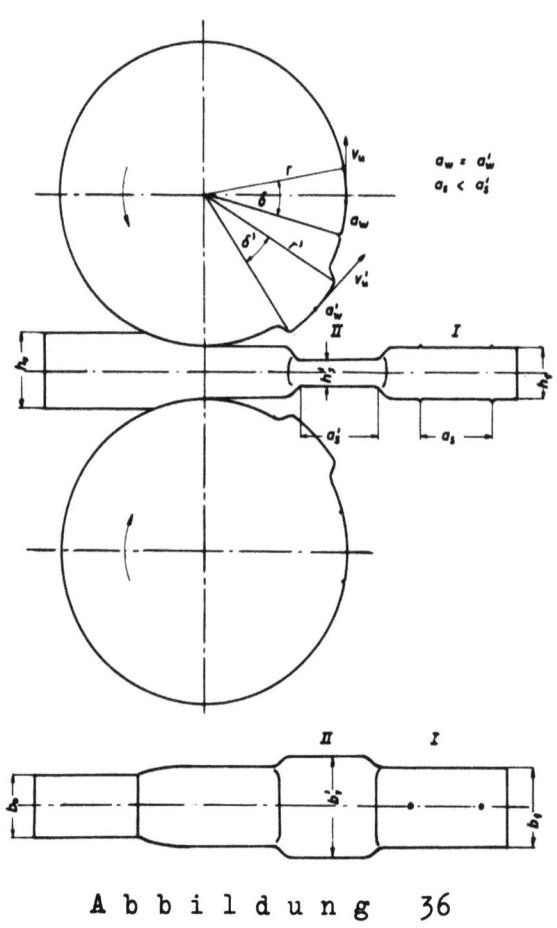

A b b i l d u n g   36

Die geometrischen Vorgänge beim Walzen von Stäben mit Querschnittswechseln in Längsrichtung

Für den Abschnitt I des Stabes gilt:

$$v_o \cdot h_o \cdot b_o = v_1 \cdot h_1 \cdot b_1$$

Da $h_1 < h_o$ ist, b_1 aber nur in geringfügigem Maße gegenüber b_o zunimmt, tritt eine Querschnittsverminderung ein und es ist $v_1 > v_o$. Bringen wir auf dem Walzenumfang zwei Marken, z.B. Körnereinschläge, mit dem Bogenabstand $a_w = r \cdot \widehat{\delta}$ an, so bildet sich jeder Körnereindruck auf dem Werkstück an der Stabaustrittsstelle E-E ab. Da der Stab hier aber schon die Geschwindigkeit $v_1 > v_u$ hat, beträgt der Markenabstand auf dem Stab:

$$a_s = a_w \cdot \frac{v_1}{v_u} = a_w (1 + \varkappa)$$

Die Voreilung des Werkstoffes bewirkt also, daß die Abbildungslänge auf dem Stab größer wird, als die zugehörige Bogenlänge auf dem Walzenumfang.

Diese Erscheinung gewinnt an Bedeutung, wenn in Walzrichtung verschiedene Querschnitte aufeinander folgen. Für den Abschnitt II mit einer größeren Querschnittsabnahme gilt:

$$v_o \cdot h_o \cdot b_o = v_1' \cdot h_1' \cdot b_1'$$

Die Bogenlänge dieses Abschnittes auf dem Walzenumfang möge $a_w' = a_w$ sein. Da nun aber die Querschnittsabnahme größer wird, müssen wir gemäß Gleichung (6) mit einer größeren bezogenen Voreilung rechnen als in Abschnitt I. Daraus ergibt sich, daß auch die Abbildung auf dem Werkstück stärker verzerrt wird; es ist $a_s' > a_s$, obwohl die Bogenlängen am Walzenumfang gleich groß sind.

Somit ist es notwendig, die Voreilung für jeden Längenabschnitt eines Profilstabes einzeln zu bestimmen. Da die Abschnittslängen des Stabes gegeben sind, müssen die entsprechenden Bogenlängen am Walzenumfang verkürzt werden.

223 Walzen mit eingeschnittenen Profilen

Nun betrachten wir eine dritte Gruppe von zu walzenden Stabformen, nämlich solche, die nicht nur in Walzrichtung veränderliche Querschnitte haben, sondern auch seitlich begrenzt sind.

Beim Walzen eines rechtwinkligen Profiles nach Abbildung 37a herrschen zunächst die gleichen geometrischen Verhältnisse wie zwischen zylindrischen Walzen, solange der Stab die Gravurwände nicht berührt. Wie man ohne weiteres einsieht, ist für den Walzvorgang die Walzenumfangsgeschwindigkeit am Halbmesser r, d.h. auf dem Gravurgrund, maßgebend.

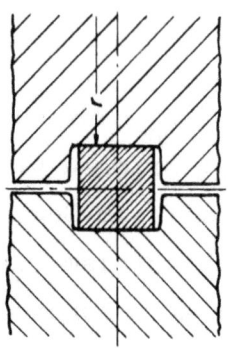 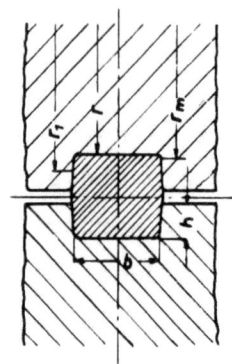 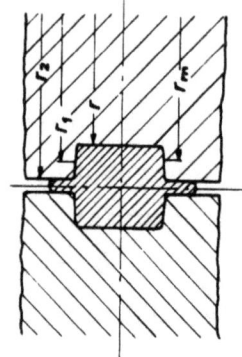

a) Gravur nicht ausgefüllt   b) Gravur gefüllt   c) Gravur überfüllt

A b b i l d u n g   37

Das Profilwalzen in Rechtkant-Gravuren

Füllt der Stab die Gravur aus (Abb.37b) so herrscht an den Flanken des Stabes eine höhere Umfanggeschwindigkeit als auf dem Gravurgrund, nämlich $v_{u\,1} = \frac{2\pi \cdot r_1}{n}$. Infolge des Stoffzusammenhanges bewegt sich der Walzstab jedoch mit einer mittleren Geschwindigkeit $v_x = v_{u\,m} = \frac{2\pi \cdot r_m}{n}$, wobei $r_1 > r_m > r$ ist. HOFF und DAHL bezeichnen den Halbmesser r_m als den <u>arbeitenden Halbmesser</u> [36]; seine Größe ist von dem Verhältnis <u>Flankenhöhe h</u>/<u>Gravurbreite b</u> abhängig. Nur an diesem Halbmesser besteht Haftreibung zwischen Gravur und Walzstab, an allen anderen Stellen des Profiles wirken Relativgeschwindigkeiten.

Wird die Gravur überfüllt (Abb.37c), so daß infolge der Breitung Werkstoff in den seitlichen Walzspalt fließt, so wird für den letzteren die Walzenumfangsgeschwindigkeit $v_{u\,2} = \frac{2\pi \cdot r_2}{n}$ wirksam und die mittlere Stabgeschwindigkeit $v_x = v_{u\,m}$ erhöht sich entsprechend der Zunahme des arbeitenden Halbmessers r_m.

Beziehen wir die beschriebenen Zustände auf die Stelle der Längsfließscheide $v_x = v_{u\,m}$, so sehen wir, daß beim Profilwalzen auch dort Relativgeschwindigkeiten zwischen Walzenoberfläche und Walzstab auftreten, ausgenommen in der Höhe des Halbmessers r_m. Für die Fördermenge der Walze ist die Walzenumfangsgeschwindigkeit $v_{u\,m} = \frac{2\pi \cdot r_m}{n}$ maßgebend. Es ist

$$v_{u\,m} \cdot q_s = v_o \cdot q_o = v_1 \cdot q_1$$

Erweitert man nun die obige Betrachtung auf den gesamten Walzspalt, so ergibt sich, daß im allgemeinen am Walzspaltbeginn die Stabflanken die

Gravurwände noch nicht berühren, entsprechend dem in Abbildung 37a dargestellten Fall. Erst in der Nähe der Stabaustrittsstelle füllt sich die Gravur und nun wird die Umfangsgeschwindigkeit $v_{u\,m}$, die größer als v_u ist, wirksam. Die Geschwindigkeit $v_{u\,m}$ erreicht der Walzstab aber erst an einem Ort, der näher an der Stabaustrittsstelle liegt. Infolge dieser Verschiebung der Längsfließscheide ist beim Walzen in Gravuren eine kleinere Voreilung als bei der Benutzung zylindrischer Walzen zu erwarten; dies müßte sich insbesondere bei verhältnismäßig hohen und schmalen Gravuren bemerkbar machen (Abb.38).

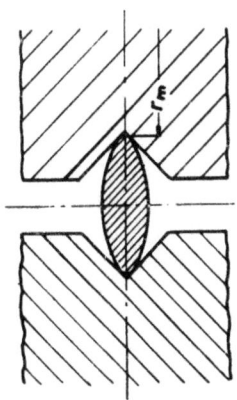
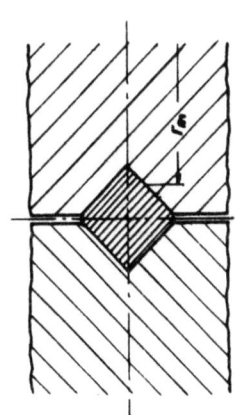

a) an der Stabeintrittsstelle   b) in Walzspaltmitte   c) an der Stabaustrittsstelle

A b b i l d u n g   38

Die Veränderung des arbeitenden Halbmessers r_m beim Walzen eines Vierkantprofiles aus einem Ovalprofil

Wenn die arbeitenden Halbmesser r_m in Ober- und Unterwalze verschieden groß sind, was z.B. bei unsymmetrischen Profilen der Fall sein kann, so krümmt sich der Walzstab entsprechend den unterschiedlichen Umfangsgeschwindigkeiten in der Normalebene (Abb.39a). In diesem Fall ist es zweckmäßig, den Walzendurchmesser so zu verändern, daß $r_{m\,o} = r_{m\,u}$ wird; andernfalls muß der Walzstab in Schienen geführt oder durch Rückbiegerollen gerichtet werden. Das gleiche gilt für Gravuren, deren linke Hälfte nicht symmetrisch zur rechten ist (Abb.39b). Für beide Hälften sind die arbeitenden Walzenhalbmesser verschieden groß, so daß sich der Walzstab in der Tangentialebene krümmt. Dieser Krümmung kann nur durch Rückbiegen entgegengewirkt werden.
Die Zusammenhänge zwischen Längung und Breitung bei verschiedenen Profilformen wurden von HOFF und DAHL [36] ausführlich behandelt, so daß hier darauf verzichtet werden kann.

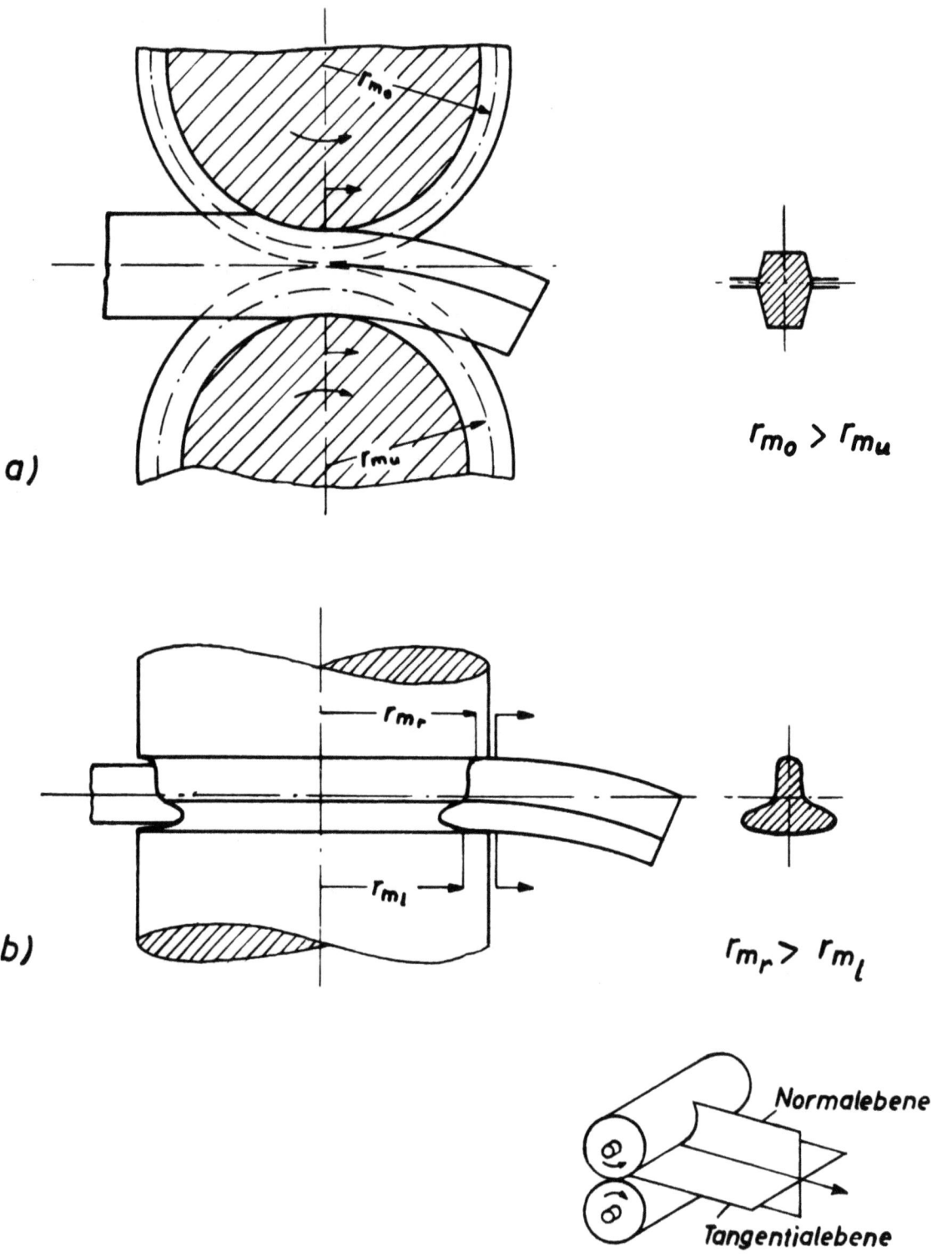

Abbildung 39

Krümmungen an Walzprofilen durch verschieden große
arbeitende Halbmesser r_m
a) in Ober- und Unterwalze
b) in der linken und rechten Gravurhälfte

23 Die Gestaltung der Walzwerkzeuge

Nach dem Ordnungssystem für Gesenkschmiedestücke (s.Abschn.111 u.Abb.3) kommen für das Walzen praktisch nur die Zwischenformen für Werkstücke der Formenklasse 3 (Langform) in Frage. Die geometrische Gestalt der Massenverteilungs-Zwischenformen beschränkt sich auf die mit 311, 312 und 314 bezeichneten Grundformen (s.Abschn.112.1). Da sich die Querschnitte der Grundformen 312 und 314 in Walzrichtung nach Form und Größe verändern, unterscheiden sich diese Formen wesentlich von den üblicherweise im Walzwerk hergestellten Profilen. Neben den Zwischenformen mit sprungartig wechselnden Querschnitten sind auch solche mit stetigen Querschnittsänderungen zu walzen. Die für das Walzen in Frage kommenden Profile wurden in einem Ordnungssystem (Abb.40) in Anlehnung an die Formenordnung (Abb.3) zusammengefaßt.

Wie schon erwähnt, erhalten die Walzwerkzeuge zum Walzen von Profilen eingeschnittene Formrillen, die _Gravur_ oder _Kaliber_ genannt werden. Da sich ein gewünschtes Profil nur selten in e i n e m Kaliber fertigwalzen läßt, ist im allgemeinen eine Folge mehrerer Kaliber mit verschiedenen Querschnitten erforderlich, die so aufeinander abgestimmt sein müssen, daß in jedem Stich eine möglichst große Querschnittsabnahme stattfindet.

Ein großer Teil der Zwischenformen setzt sich aus Teilabschnitten mit gleichbleibenden Querschnitten zusammen. Für diese Abschnitte können wir uns die vorhandenen Erkenntnisse auf dem Gebiet des Profilwalzens nutzbar machen [36].

231 Walzprofile mit gleichbleibenden Querschnitten
(Abb.40, Grundform 311.1)

Zur Erzielung großer Querschnittsabnahmen benutzt man in der Walzwerkstechnik sog. Streckkaliberfolgen. Sie sind so gestaltet, daß sie der unerwünschten Breitung durch die Kaliberform entgegenwirken und ein Verdrehen oder Verkanten des Werkstückes verhindern. Die für das Reckwalzen am besten geeignete und sorgfältig erprobte Streckkaliberfolge ist der Wechsel Vierkant-Oval-Vierkant (Abb.41).

Unter einem Oval versteht der Walzwerker einen linsenförmigen Querschnitt, der von zwei Kreisbögen begrenzt wird. Diese Kaliberfolge gestattet Querschnittsabnahmen bis über 50 % beim Stich Vierkant zum Oval und bis etwa 30 % beim Stich Oval zum Vierkant. Wenn wir die Kreisbögen des Ovals näherungsweise durch Parabelbögen ersetzen, so erhalten wir für die Ovalfläche die einfache Beziehung:

Walzwerkzeug	Profilquerschnitt	Grundform*)	Beispiele
zylindrisch	Form und Fläche gleichbleibend	–	
Eingeschnittene Gravuren mit gleichbleibendem Querschnitt		311.1	
Eingeschnittene Gravuren mit stetig wechselndem Querschnitt	Form gleichbleibend, Fläche stetig wechselnd	311.2	
	Form und Fläche stetig wechselnd	311.3	
Eingeschnittene Gravuren mit sprungartig wechselndem Querschnitt	Form gleichbleibend, Fläche sprungartig wechselnd	312.1	
	Form und Fläche sprungartig wechselnd	312.2	
		314	

*) Grundformen in Anlehnung an die Formenordnung (Abb.3)

A b b i l d u n g   40

Ordnungssystem für Walzprofile

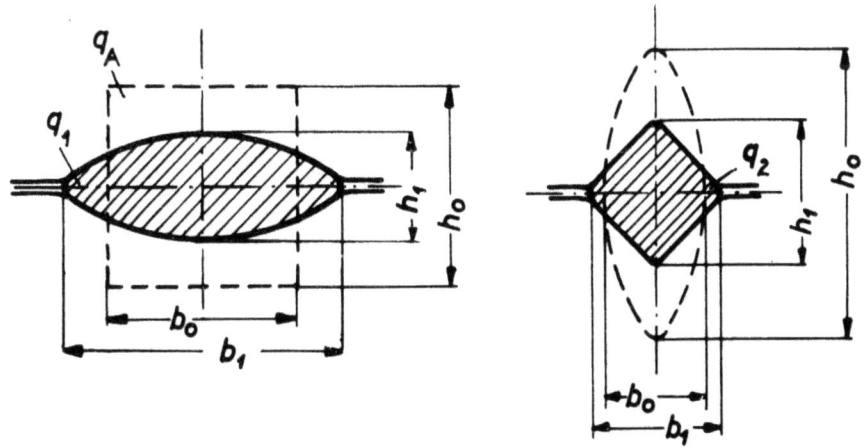

Abbildung 41

Streckkaliberfolge Vierkant-Oval-Vierkant

$q_A = q_o$ = Ausgangsquerschnitt (quadratisch)
q_1 = Querschnitt des 1. Stiches (oval)
q_2 = Querschnitt des 2. Stiches (quadratisch)

$$q_{ov} = c \cdot \frac{2}{3} \cdot b \cdot h$$

Der Faktor $c = f\left(\frac{b}{h}\right) = 1,0...1,18$ gleicht den Fehler aus. Er wird mit der Konstanten 2/3 zu einem Faktor C zusammengefaßt, der aus einer Kurve in Abbildung 42 zu entnehmen ist.

Zur schnellen und einfachen Bestimmung einer Stichfolge Vierkant-Oval-Vierkant benutzen wir zweckmäßig ein von EMICKE [37] für den Walzwerksgebrauch entwickeltes Schaubild (Abb.42).

Wie sich aus Versuchen ergab (s.Abschn.31), tritt beim Reckwalzen in den Ovalgravuren eine geringere Breitung auf, als nach dem ursprünglichen Schaubild von EMICKE erwartet wurde. Der Grund hierfür ist offensichtlich der, daß im Walzwerk Profile in der Größenordnung zwischen 25 und 2500 $[mm^2]$ Querschnitt mit erheblich geringeren Temperaturen gewalzt werden als beim Reckwalzen, weil das Block- und Knüppelwalzen vorausgeht; infolgedessen breitet sich dort der Werkstoff stärker und die Ovalgravuren müssen ziemlich breit und flach ausgeführt werden, wenn die gewünschte Querschnittsabnahme erreicht werden soll. Beim Reckwalzen ist infolge der höheren Walztemperatur die Reibung im Walzspalt geringer und damit auch die Breitung (s.Abb.45).

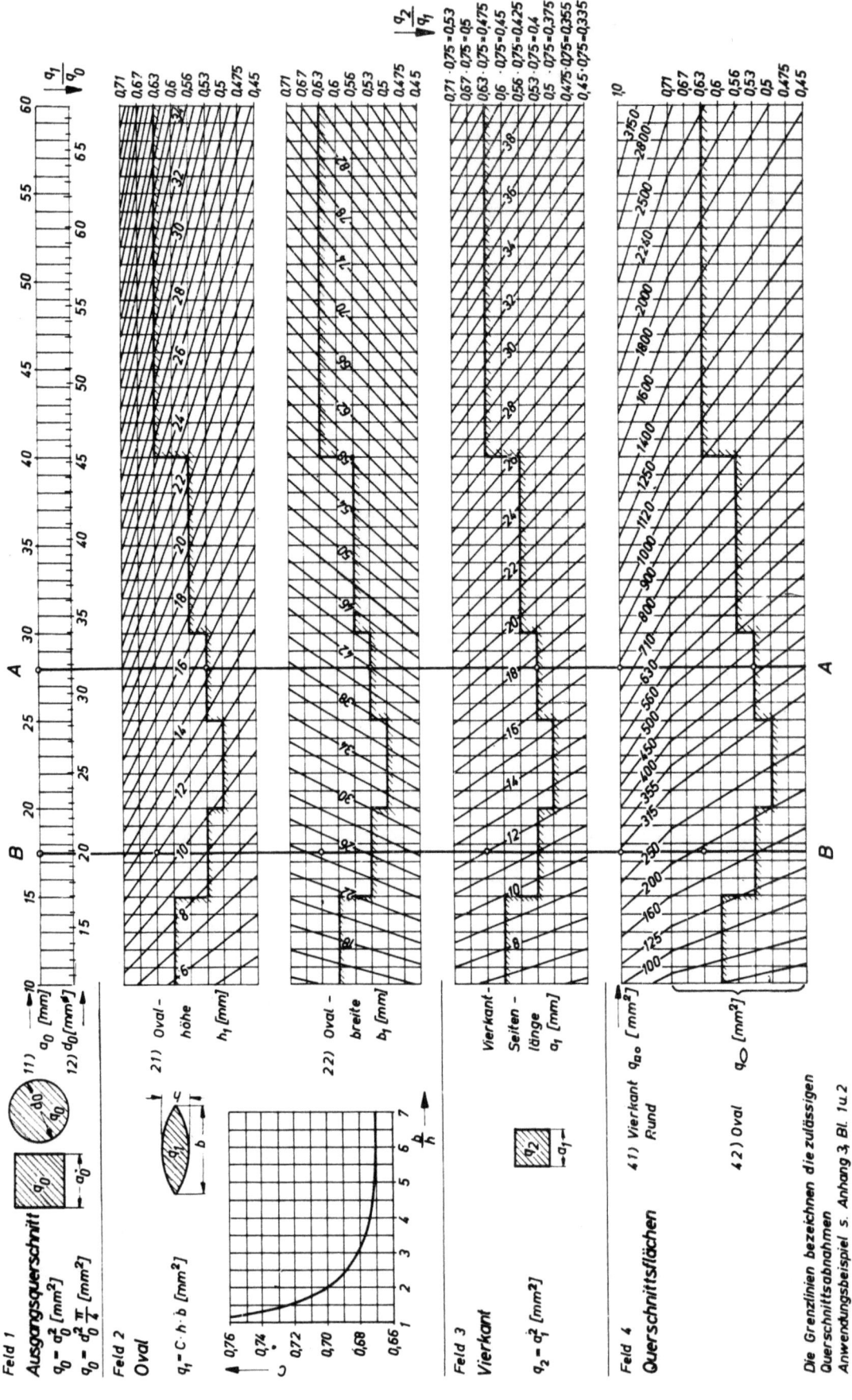

Abbildung 42

Schaubild für die Streckkaliberreihe Vierkant-Oval-Vierkant

Auf Grund dieser Erkenntnis wurden die Profilmaße b · h im Schaubild 42
geändert; sie stimmen weitgehend mit den von einer Herstellerfirma für
Reckwalzen angegebenen Meßverhältnissen überein [38].

Zur leichteren Handhabung des Schaubildes wurden Normzahlen eingeführt.
Mit Hilfe eines Lineals können wir die möglichen Querschnittsabnahmen,
die Maße des dem Ausgangsquerschnitt folgenden Ovals und die Seitenlängen des nächstfolgenden Vierkantes ablesen. Da außer quadratischen häufig
auch runde Ausgangsquerschnitte verwendet werden, wurden diese mit in
das Schaubild aufgenommen. Anhang 3 enthält dafür eine Benutzungsanweisung mit Beispiel.

232 Walzprofile mit abgesetzten Querschnitten

Walzprofile mit abgesetzten Querschnitten bestehen aus einzelnen Abschnitten mit gleichbleibenden Querschnitten. Hierzu gehören die Grundformen 312.1 und 312.2 mit symmetrisch zur Werkstückhauptachse angeordneten Nebenformelementen und die Grundform 314 mit unsymmetrisch dazu
liegenden Nebenformelementen (Abb.40). Wir betrachten zunächst die gemeinsamen Fragen der Werkzeuggestaltung und gehen zum Schluß des Abschnittes auf die Besonderheiten bei der Herstellung der Werkstücke nach Grundform 314 ein.

Die Teillängen eines Profils vergrößern sich infolge der Streckung des
Werkstoffes von Stich zu Stich. Da die Längenmaße für die Gestaltung der
Werkzeuge von großer Bedeutung sind, müssen wir die Einflußgrößen kennen,
denen sie unterworfen sind. Dies sind in erster Linie die Höhenabnahme
und die Breitung, in zweiter Linie die Voreilung und die Wärmeausdehnung
bzw. Schrumpfung des Werkstoffes.

Der Entwurf eines Werkzeugsatzes für eine Zwischenform geht nun auf folgende Weise vor sich. Nach dem Massenverteilungsschaubild (s.Abschn.112.1)
wählen wir die Ausgangsform und entwerfen die zu walzende Zwischenform,
wobei darauf zu achten ist, daß die Querschnittsübergänge möglichst sanft
erfolgen. Je größer die Übergangshalbmesser und je kleiner die Neigungswinkel gemacht werden, umso geringer ist die Gefahr, daß sich durch
kleine Änderungen der Breitung oder Voreilung Walzfehler ergeben (s.Abschnitt 31). Die Zwischenform unterteilen wir in einzelne Abschnitte mit
gleichbleibendem Querschnitt und in solche mit Querschnittsübergängen.
Der Querschnitt der Ausgangsform muß mindestens ebenso groß wie der
größte Zwischenformquerschnitt sein. Außerdem wird die Ausgangsform um
ein Zangenende verlängert. Dadurch entsteht ein zusätzlicher Werkstoff-

verlust, wenn es nicht möglich ist, den Ausgangsquerschnitt so zu wählen, daß das Zangenende später einen (nicht umgeformten) Teilabschnitt der Zwischenform Z_M darstellt. Hiervon macht man z.B. beim Walzen von Zwischenformen für Pleuelstangen aus Flachstahl Gebrauch; als Zangenende benutzt man den Abschnitt für das Kurbelwellenlager (Abb.43).

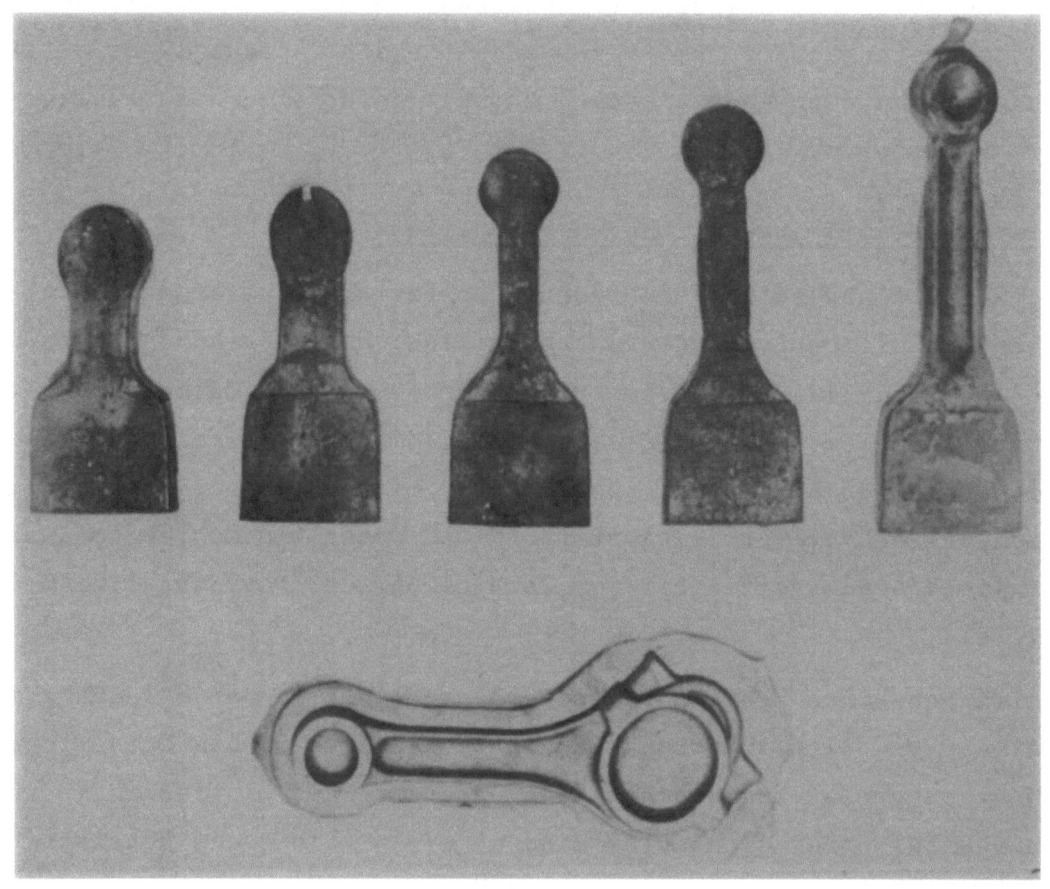

A b b i l d u n g   43

Stichfolge beim Walzen von Zwischenformen für Pleuelstangen; der Teilabschnitt für das Hauptlager dient als Zangenende. (Werkphoto EUMUCO AG.)

Nachdem wir für jeden Teilabschnitt der kalten Zwischenform das Volumen berechnet haben, können wir die Profilfolge und die Anzahl der Walzstiche bestimmen. Das Volumen eines Teilabschnittes muß durch alle Stiche hindurch unverändert bleiben. Werden die in Abschnitt 231 behandelten Streckkaliberfolgen verwendet, so lassen sich die Profilquerschnitte leicht aus dem Schaubild 42 entnehmen. Die Querschnittshöhen und -breiten der Profile sind hier so aufeinander abgestimmt, daß die Gravuren bei den üblichen Walztemperaturen von 1100 bis 1200° C gerade gefüllt werden. Zur Ermittlung der Breitung bei anderen Kaliberfolgen, insbesondere bei rechteckigen Profilen, benutzt man zweckmäßig die von SIEBEL [39] für Walztemperaturen über 1000° C angegebene Näherungsformel:

$$\Delta b = 0{,}35 \cdot l_d \cdot \frac{\Delta h}{h_o} \cong 0{,}35 \sqrt{r \cdot \Delta h} \cdot \frac{\Delta h}{h_o} \qquad (7)$$

Es trifft nicht zu, wie vielfach angenommen wird, daß beim Walzen in Gravuren keine Breitung auftritt; sie kann zwar durch geeignete Kaliberformen in gewissem Umfang behindert werden, läßt sich aber nicht völlig beseitigen. Wenn das Kaliber überfüllt wird, tritt der Werkstoff in den Walzenspalt aus und es entsteht Grat. Eine Ausnahme bilden lediglich die sog. geschlossenen Kaliber, die beim Walzen von Formstahl verwendet werden; sie kommen für das Reckwalzen jedoch im allgemeinen nicht in Betracht.

Die Voreilung bewirkt, daß die Teilabschnitte des Walzstabes länger werden als die Bogenlängen der erzeugenden Gravurabschnitte. Wir müssen daher, wenn wir die vorgesehenen Abschnittslängen des Werkstückes einhalten wollen, die Bogenlängen verkürzen, indem wir sie durch das Geschwindigkeitsverhältnis $\frac{v_1}{v_u} = (1 + x)$ dividieren.

Die Größe der bezogenen Voreilung wurde bisher nur beim Walzen von Rechtkantstäben zwischen zylindrischen Walzen gemessen [35]. Zu diesem Zweck brachte man auf dem Walzenumfang Marken an und verglich deren Bogenabstände mit den Abständen der Abdrücke auf dem Stab (s.Abschn.222). Die Messungen wurden am erkalteten Stab vorgenommen; dabei vernachlässigte man häufig die Schrumpfung des Werkstoffes und erhielt ungenaue Ergebnisse. LUEG und POMP [40] führten erstmalig genaue Messungen der bezogenen Voreilung unter Berücksichtigung der Wärmeausdehnung durch (s.Abb.50). Inwieweit die Ergebnisse auch auf das Walzen in Kalibern angewendet werden können, muß noch untersucht werden und zwar besonders im Hinblick auf die in Abschnitt 223 geäußerte Vermutung, daß die Voreilung geringer ist, als zwischen zylindrischen Walzen.

Die Länge der Teilabschnitte wird außerdem durch die Wärmeausdehnung und nachfolgende Schrumpfung des Werkstoffes beeinflußt. Da wir die Volumenrechnung für das kalte Werkstück vorgenommen haben, müssen wir die Gravurabschnitte um das Ausdehnungsmaß $\alpha \cdot t$ verlängern. Genaue Meßergebnisse über die Größe der Wärmedehnzahl α verschiedener Stahlsorten können wir der oben erwähnten Arbeit von LUEG und POMP [40] entnehmen. Sie stellten fest, daß α sowohl von der Temperatur als auch von der Werkstoffzusammensetzung abhängig ist. In Abbildung 44 sind die Kurven für verschiedene Stahlsorten dargestellt. (Die Normenbezeichnungen der Stähle wurden nach den von den Verfassern gegebenen Analysen eingetragen.)

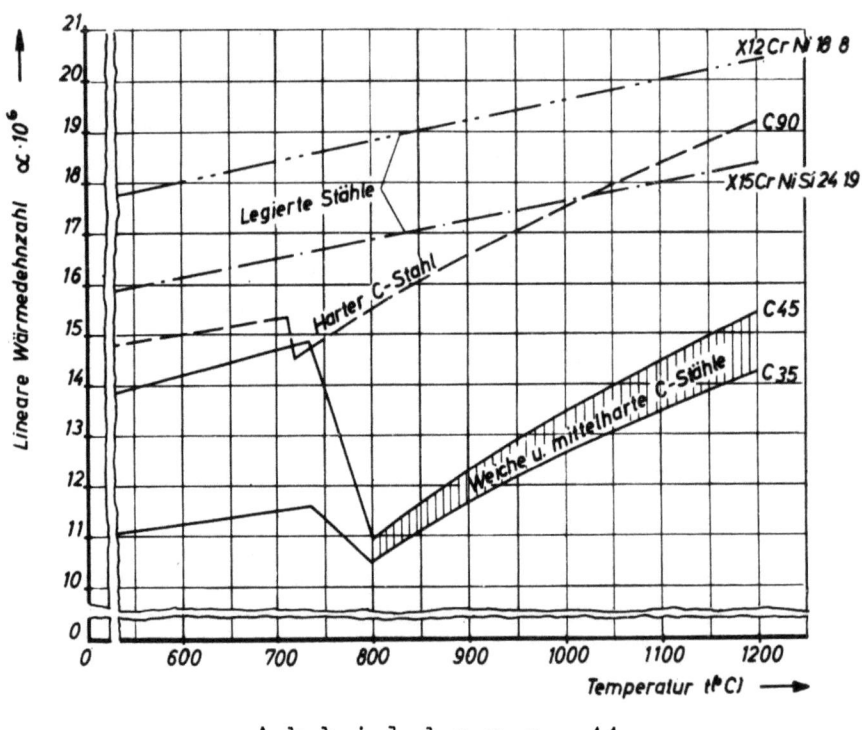

A b b i l d u n g   44

Wärmedehnzahl α zwischen 0 und t [°C] für verschiedene Stahlsorten (nach [40])

Unter Berücksichtigung von Voreilung und Wärmeausdehnung können wir nun die Bogenlänge der einzelnen Gravurabschnitte nach folgender Gleichung bestimmen:

$$l_{1_{Gr}} = l_1 \frac{1 + \alpha \cdot t}{1 + \varkappa} \qquad (8)$$

Darin ist l_1 die Abschnittslänge am Werkstück, $l_{1_{Gr}}$ die Bogenlänge des Gravurabschnittes. Dieses Maß ist die auf dem <u>Gravurgrund</u> abzutragende Teillänge. Die Voraussetzung für die Benutzung dieser Gleichung ist, daß die bezogene Voreilung jeweils an einer Profilform gemessen wurde, die der zu entwerfenden ähnlich ist. In der Praxis ist es teilweise üblich, die Längenabschnitte auf dem <u>äußeren Umfang</u> der Walzwerkzeuge abzutragen unter der Annahme, daß dadurch die Längenänderungen infolge der Voreilung und Wärmeausdehnung ausgeglichen werden. Das trifft jedoch nur selten zu; meistens führt dieses Verfahren zu erheblichen Längenabweichungen, weil die wirklichen Einflußgrößen, wie Querschnittsabnahme, Walztemperatur usw. nicht erfaßt werden.

Auch der von BRUCHANOW und REBELSKI [12] angegebene Verkürzungsfaktor für die Gravurlängen von 1,035 bis 1,045 ist ziemlich ungenau, obwohl er den wirklichen Verhältnissen schon besser entspricht.

Die Wärmeausdehnung berücksichtigen wir zweckmäßig auch bei der Festlegung der Gravurtiefen und -breiten. Selbstverständlich sind die Gravurtiefen um die Hälfte des erforderlichen Walzenabstandes zu verringern.

Trotz sorgfältiger Vorausbestimmung der Gravurabmessungen lassen sich kleine Längenabweichungen der Werkstückteilabschnitte nicht ganz vermeiden, denn die verwendeten Größen - Breitung, Voreilung und Wärmeausdehnung - sind unvorhersehbaren Schwankungen unterworfen. Dies gilt insbesondere für Voreilung und Breitung, die von den Reibungsverhältnissen im Walzspalt abhängig sind (Abb.45). Es hat sich daher als zweckmäßig

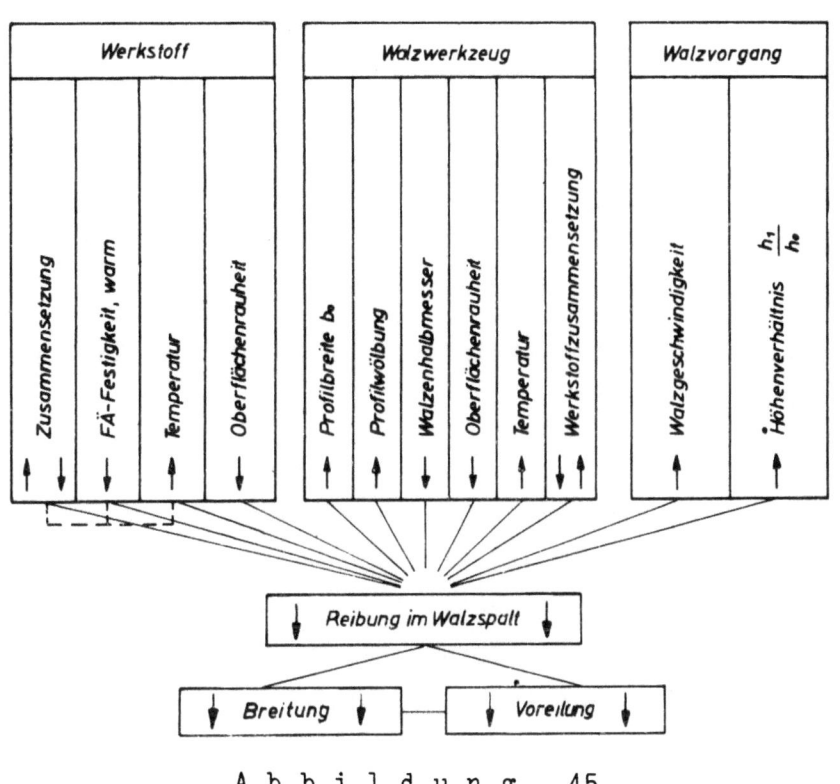

A b b i l d u n g   45

Einflüsse auf die Reibungsverhältnisse im Walzspalt bei Temperaturen über 900° C

——————— unmittelbare Einflüsse;
- - - - - - mittelbare Einflüsse
↑ steigend;   ↓ fallend

erwiesen, die Gravuren für die verschiedenen Stiche nacheinander herzustellen und jede Gravur erst zu erproben, ehe die nächstfolgende fertiggestellt wird. Dieses zunächst umständlich erscheinende Verfahren hat den Vorteil, daß ein etwaiger Fehler sofort erkannt wird. Geschieht das nicht, so vergrößert sich der Fehler von Stich zu Stich und erheischt u.U. erhebliche Änderungen an den fertigen Werkzeugen. Bei der Erprobung der Werkzeuge ist unbedingt darauf zu achten, daß alle später zu erwartenden Betriebsbedingungen genau eingehalten werden; das gilt besonders hinsichtlich der Walztemperatur, weil diese einen sehr großen Einfluß auf die Reibungsverhältnisse hat, wie wir im Abschnitt 31 sehen werden.

Während bei den Werkstücken der Grundformen 312.1 und 312.2 die beiden Gravurhälften im Ober- und Unterwerkzeug stets spiegelbildlich gleich sind, so daß sich jeweils gleich große arbeitende Halbmesser gegenüberstehen, ist das bei den Werkstücken der Grundform 314 häufig nicht der Fall; sie krümmen sich infolgedessen und es müssen Abhilfsmaßnahmen dagegen getroffen werden (s.Abschn.223).

Es gibt nun zwei Möglichkeiten, derartige Werkstücke zu walzen:

1. Walzen mit symmetrisch zur Hauptachse angeordneten Nebenformelementen und Durchsetzen nach einer Seite beim letzten Stich (vgl. Abschn.112.1 u.Abb.11, Beispiel 23)

2. Beginn der Formung der unsymmetrisch zur Hauptachse liegenden Ansätze beim ersten Stich.

Die Lösung 1) bietet den Vorteil, daß bei den ersten Stichen die bekannten Streckkaliberfolgen (s.Abschn.231) mit großen Querschnittsabnahmen verwendet werden können, ohne daß sich die Werkstücke hierbei krümmen. Es können jedoch nur verhältnismäßig kleine Ansätze gewalzt werden, weil sonst beim Durchsetzen die Gefahr der Faltenbildung besteht. Dieses Verfahren wird bereits in der Praxis benutzt.

Für das zweite Verfahren läßt sich zwar die Streckkaliberfolge Vierkant-Oval-Vierkant nicht verwenden, weil das Werkstück nicht um die Längsachse gedreht werden darf; er können aber verhältnismäßig hohe Ansätze gewalzt werden, ohne daß Falten entstehen. Zur Erprobung dieses, bisher noch nicht angewendeten Verfahrens, wurden Versuche durchgeführt (s. Abschn. 32).

233 Walzprofile mit stetiger Querschnittsänderung

Zu den Profilen mit stetiger Querschnittsänderung gehören Kegel, Keile und andere Teile mit gleichbleibenden oder sich wenig ändernden Neigungen in Längsrichtung (Abb.40, Grundformen 311.2 u. 311.3). Zum Walzen solcher Profile benötigen wir Gravuren, die die Form einer Spirale haben. Es sollen die Anwendungsmöglichkeiten zweier Spiralarten, nämlich die der logarithmischen und der archimedischen Spirale untersucht werden [41].

Die geometrische Forderung einer gleichbleibenden Neigung erfüllt bekanntlich die <u>logarithmische Spirale</u>. Ihre Konstruktion ist verhältnismäßig einfach, doch bereitet die Herstellung einige Schwierigkeiten, weil die Längenänderung der Polstrahlen nicht konstant ist.

Die Abwicklung der <u>archimedischen Spirale</u> ergibt am Werkstück eine konkav gekrümmte Linie. Ihre Konstruktion ist etwas schwieriger als die der logarithmischen Spirale, weil zu der durch das Werkstück gegebenen Bogenlänge die richtige Spirale mittels eines schrittweisen Näherungsverfahrens gesucht werden muß. Dagegen läßt sich die archimedische Spirale leicht herstellen, denn der Werkzeugvorschub kann mit der Winkeldrehung des Walzsegmentes verbunden werden.

Bei geringen Neigungen und verhältnismäßig kurzen Abschnittslängen wie sie im allgemeinen bei Zwischenformen vorkommen, sind die Unterschiede zwischen beiden Spiralarten so klein, daß sie vernachlässigt werden können. Das wird auch in einer Ableitung von ROTHE [42] nachgewiesen. Dagegen können sich die Abweichungen der Spiralen beim Walzen von Endformen mit starken Neigungen und langen Kegeln, z.B. Turbinenschaufeln und langen, kegeligen Hebeln, so nachteilig bemerkbar machen, daß die logarithmische Spirale unbedingt vorzuziehen ist.

Die Voreilung und Wärmeausdehnung berücksichtigen wir mit der Gleichung (8):

$$l_{1_{Gr}} = l_1 \frac{1 + \alpha \cdot t}{1 + \alpha}$$

und ermitteln den sich daraus ergebenden Neigungswinkel und die zugehörige Abschnittslänge, bevor die Spirale konstruiert wird. Da sich zugleich mit der Querschnittsabnahme auch die Voreilung über der Werkstücklänge ändert, wählt man einen mittleren Wert, der der Querschnittsabnahme in der Mitte des Werkstückes entspricht.

234 Walzprofile mit Grat

Es wurde bisher nur das Walzen der Massenverteilungs-Zwischenformen Z_M behandelt; diese dürfen nicht mit Grat gewalzt werden, denn sonst würden beim Gesenkschmieden am Übergang zwischen Grat und Werkstück Überlappungen entstehen, weil die Querschnitte der Massenverteilungs-Zwischenformen denen der Endformen zwar in der Größe, aber nur selten in der Form ähnlich sind (s.Abschn. 112.1). Für Endformen mit verhältnismäßig einfachen Querschnitten können u.U. auch die Querschnittsvorbildungs-Zwischenformen Z_Q (s.Abschn.112.3) gewalzt werden, deren Querschnitte denen der Endformen weitgehend gleichen. In diesen Fällen kann, insbesondere beim letzten Stich, mit Grat gewalzt werden. Dabei muß der Walzenabstand so groß sein, daß der Grat genügend dick wird, um nicht auf dem Wege von der Reckwalze zum Hammer zu stark abzukühlen.

Das Walzen mit Grat hat den Vorteil, daß die Gravuren sehr genau ausgefüllt werden; außerdem besteht die Möglichkeit, auf der Gratfläche der Walzwerkzeuge Querriefen anzubringen, durch die die Voreilung des Werkstoffes sehr stark eingeschränkt wird, so daß die Längen der Teilabschnitte genauer eingehalten werden können. Hiervon macht z.B. eine amerikanische Firma beim Walzen der H-Profile für Vorderachsen Gebrauch [30]. Ein weiteres Beispiel für das Walzen mit Grat ist die in Abbildung 43 abgebildete Stichfolge für die Zwischenform einer Pleuelstange; beim letzten Stich wird am Schaft sowie am Kolbenbolzenlager bereits die Querschnittsvorbildung durchgeführt, wobei ein schmaler Grat entsteht.

24 Zusammenfassung zu Abschnitt 2

Durch das Reckwalzen werden im Gegensatz zu den übrigen Warmwalzverfahren niemals lange Profile mit in ganzer Länge gleichbleibenden Querschnitten erzeugt; es sind vielmehr Stäbe zu verarbeiten, die kürzer als der Walzenumfang sind und über die Länge veränderliche Querschnitte erhalten müssen. Diese Werkstücke sind nach dem Walzen teils fertig (z.B. Hacken, Pflugschare, kegelige Hebel usw.), teils bilden sie Zwischenformen für Gesenkschmiedestücke mit einer vorgeschriebenen Verteilung der Massen längs der Achse und Querschnittsabmessungen, die mehr oder weniger denen der Endform angenähert sind.

Soweit die Querschnitte der zu walzenden Werkstücke streckenweise gleich sind, kann man sich die Erfahrungen der Profilwalztechnik hinsichtlich der Gestaltung der Profilformen und Profilfolgen zunutze machen. Darüber hinaus müssen die Größen erfaßt werden, die einen Einfluß auf die Abstände der Teilmassen im gewalzten Zwischenformstab ausüben. Dazu gehört insbesondere die an sich bekannte, aber bisher wenig beachtete Voreilung des Werkstoffes.

Wir haben uns daher nach einer kurzen Betrachtung der Bauarten der Schmiedewalzmaschinen eingehend mit den Vorgängen im Walzspalt befaßt, um die Ursache der Voreilung kennenzulernen und ihre Wirkung auf die Längenabschnitte des Walzstabes beurteilen zu können. Nach einem Ordnungssystem für die verschiedenen Walzstabformen, welches in Anlehnung an die in Abschnitt 1 entwickelte Formenordnung für Gesenkschmiedestücke aufgestellt wurde, behandelten wir die Gestaltung der Walzwerkzeuge für Profilstäbe mit gleichbleibenden, abgesetzten und stetig veränderlichen Querschnitten. Für die Auswahl geeigneter Profilfolgen, die hohe Querschnittsabnahmen gestatten, machten wir uns ein Arbeitsschaubild nutzbar. Abschließend wurde kurz auf das Walzen mit Grat eingegangen.

3 Walzversuche an Zwischenformen

Der Zweck der Walzversuche besteht darin, die in Abschnitt 2 erarbeiteten Erkenntnisse über das Walzen von Profilstäben mit in Längsrichtung veränderlichen Querschnitten nun auch an einigen Beispielen auf ihre Richtigkeit zu prüfen und durch praktische Erfahrungen zu vervollständigen. Dazu ist es notwendig, den ganzen Werdegang einer Zwischenform, vom Entwurf des Werkstückes und seiner Augenblicksformen angefangen über die Gestaltung der Werkzeuge bis zum Walzvorgang und dem Verhalten des Werkstoffes hierbei festzuhalten. Selbstverständlich werden wir uns besonders mit der Voreilung des Werkstoffes zu befassen haben, da sie, wie wir in Abschnitt 2 sahen, von erheblicher Bedeutung für die Werkzeuggestaltung ist; ferner wird auch die Breitung unsere Aufmerksamkeit erfordern und außerdem müssen wir uns mit dem Temperaturverlauf im Werkstück beschäftigen. Um schnell und mit geringen Kosten Modellversuche durchführen zu können, erscheint es notwendig, einen Modellwerkstoff zu finden, der sich hinsichtlich des Walzens ebenso wie Stahl verhält.

Wegen der erheblichen Kosten der Walzwerkzeuge mußten wir uns auf das Walzen zweier Zwischenformen beschränken. Es war uns daher nicht möglich Einzelfragen, wie z.B. die Bestimmung der Voreilung bei verschiedenen Querschnittsabnahmen, Gravurformen und -abmessungen, erschöpfend zu behandeln, denn dazu wären besondere Werkzeugsätze erforderlich gewesen. Für die Versuche benutzten wir eine Reckwalze vom Typ RW 00, Bauart Eumuco (Abb.46) mit folgenden Kenngrößen:

1. Arbeitsvermögen $A \cong 1000$ [mkg]
2. Äußerer Walzenhalbmesser $r = 120$ [mm]
3. Walzendrehzahl $n \cong 2{,}5$ [U/s]
4. Größte Walzbreite $b_{1\,gr} = 300$ [mm]
5. Größte Walzlänge $l_{1\,gr} = 370$ [mm]

A b b i l d u n g   46

Reckwalze Typ RW 00, Bauart EUMUCO AG

31 Walzversuche an einer Zwischenform mit abgesetzten, zur Längsachse unsymmetrischen Querschnitten

(Abb.40, Grundform 312.1)

Eine Gelegenheit zur Erprobung der Streckkaliberfolgen sowie zur Bestimmung von Voreilung und Breitung bot sich bei der Entwicklung der Walzwerkzeuge für die Massenverteilungs-Zwischenform einer Schaltgabel, die bisher aus Rundstahl von 26 mm ∅ unter einem Reckhammer gerollt wurde (Abb.47).

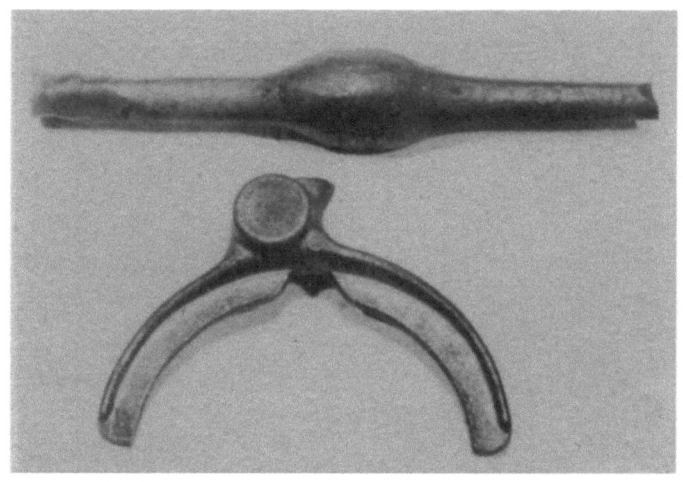

Abbildung 47

Gerollte Massenverteilungs-Zwischenform und Endform einer Schaltgabel

311 Entwurf der Walzwerkzeuge

Die Streckkaliberfolge für die beiden Schenkel des Werkstückes wurde nach den in Abschnitt 232 beschriebenen Grundsätzen festgelegt (Abb.48). Da der Wunsch bestand, den Ausgangsquerschnitt von 26 [mm ⌀] beizubehalten, mußten wir den mittleren Teilabschnitt der Zwischenform verlängern, damit genügend Werkstoff vorhanden war, um die Endform auszufüllen. Im Gegensatz zum sog. "Rollen" ist es beim Walzen nicht möglich, den Ausgangsquerschnitt von 530 auf 650 mm^2 zu vergrößern (s.Massenverteilungsschaubild in Abb.48). Zum Walzen der Zwischenform waren 4 Stiche erforderlich.

312 Versuchsdurchführung

Als Versuchswerkstoff benutzten wir Rundstahl St 60.11. Die Stangenabschnitte wurden in einem gasgefeuerten Herdofen erwärmt. Vor und nach dem Walzen wurde die Werkstücktemperatur mit einem Teilstrahlungspyrometer gemessen. Zwischen den einzelnen Stichen fand keine Temperaturmessung statt, um den Versuchsablauf nicht zu stören. Wir walzten die Werkstücke jeweils nur bis zu dem Stich, bei dem die Messung der Voreilung vorgenommen werden sollte. Dadurch erhielten wir gleichzeitig Mittelwerte für die Werkstücktemperatur nach jedem Stich. Abbildung 49 zeigt die Ausgangsform und die Augenblicksformen nach den einzelnen Stichen.

Zur Bestimmung der Voreilung brachten wir mit einem Zentrierbohrer Körnerbohrungen in den Gravuren an; die Sehnen-Abstände der Körnermarken wurden gemessen und auf den zugehörigen Walzenumfang umgerechnet.

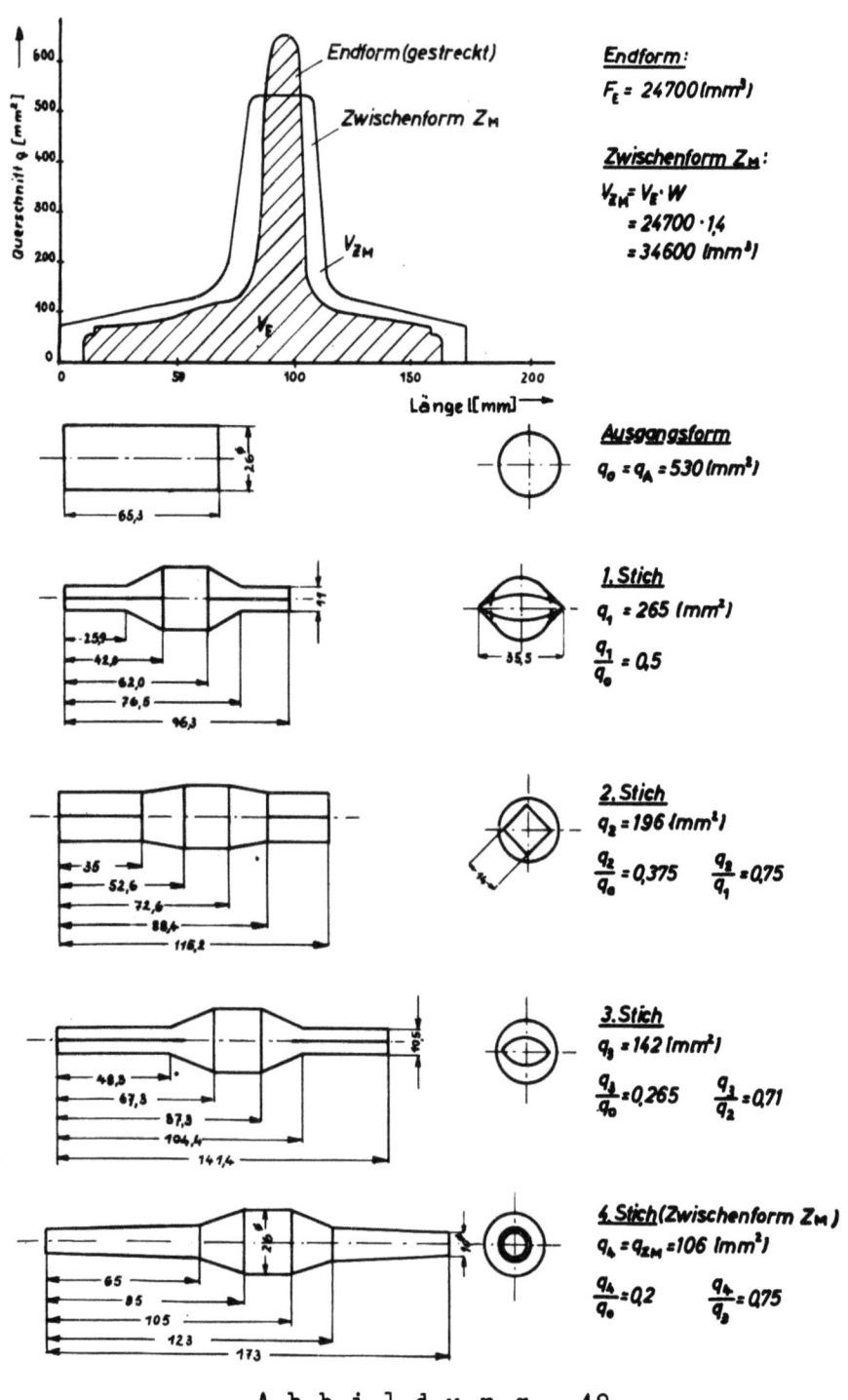

Abbildung 48

Entwurf der Profilfolge für die Zwischenform der Schaltgabel nach Abbildung 47

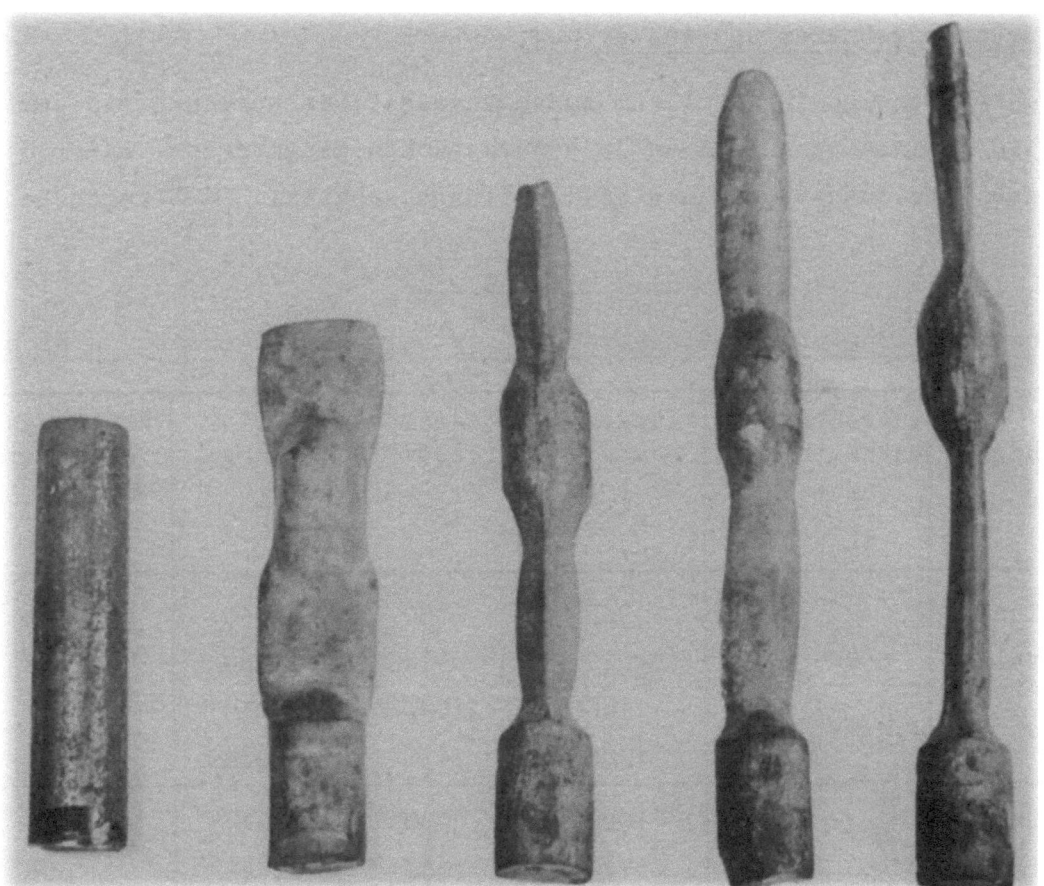

Abbildung 49

Stichfolge beim Walzen der Zwischenform Z_M für die Schaltgabel nach Abbildung 47

Auf den Werkstücken bildeten sich die Körnermarken als Kegel ab, deren Abstand sich um das Geschwindigkeitsverhältnis $\frac{v_1}{v_{u\,m}}$ vergrößerte. Wenn a_o den Bogenabstand der Marken in der Gravur, a den Abstand auf dem Werkstück bezeichnet und die bis zur Messung erfolgte Schrumpfung berücksichtigt wird, so ist die bezogene Voreilung:

$$\chi = \frac{a_1(1+\alpha \cdot t)-a_o}{a_o} = \frac{a_1(1+\alpha \cdot t)}{a_o} - 1 \qquad (9)$$

Wir maßen die Markenabstände mit 10- und 20-facher Vergrößerung auf einem Profilprojektor bzw. auf einem Leitz-Längenmeßgerät mit einer Genauigkeit von etwa $\pm\,0,3\,\%$.

313 Versuchsergebnisse und Auswertung

Die Ergebnisse sind in Tabelle 1 zusammengefaßt; es wurden Mittelwerte aus 2 bis 4 Einzelmessungen an je 3 Werkstücken eingetragen. Außer der bezogenen Voreilung wurde auch das Breitungsverhältnis $\frac{b_n}{b_{n-1}}$ angegeben.

Tabelle 1

Bezogene Voreilung und Breitungsverhältnis beim Profilwalzen von ST 60.11

Stich-bezeichnung Profilfolge	Querschnitts-verhältnis $\frac{q_n}{q_{n-1}}$	Ausgangs-temp. *) $t_A [^\circ C]$	Endtempe-ratur **) $t_E [^\circ C]$	Bez.Vor-eilung x	Breitungs-verhältnis $\frac{b_n}{b_{n-1}}$
1.Stich Rund-Oval	~0,5	920	880	0,055	1,46
		1020	970	0,060	1,48
		1120	1030	0,059	1,47
		1200	1130	0,028	1,29
2.Stich Oval-Vierkant	~0,75	1020	990	0,0475	1,77
		1120	1060	0,045	1,66
		1200	1130	0,0375	1,56
3.Stich Vierkant-Oval	~0,71	1020	970	0,066	1,57
		1120	1030	0,063	1,61
		1200	1130	0,053	1,54
4.Stich Oval-Rund	~0,75	1120	1010	0,030	1,09
		1200	1100	0,027	1,06

* vor dem 1.Stich   ** nach dem n-ten Stich

Wie schon in Abschnitt 232 erwähnt wurde, ist die Bestimmung der Schrumpfung von wesentlicher Bedeutung für die Ermittlung der Voreilung, denn sie liegt in der gleichen Größenordnung (Schrumpfung 0 bis 2,4 %, Voreilung 0 bis 10 %), wirkt aber in entgegengesetzter Richtung. Wir verwendeten zur Berechnung der bezogenen Voreilung die von LUEG und POMP [40] für C 45 angegebenen Werte (s.Abb.44).

Abbildung 50 zeigt eine Gegenüberstellung der von LUEG und POMP [40] ermittelten Voreilung bei Stahl C 45 (a-c) und den Ergebnissen beim Profilwalzen von St 60.11 (d). Da das sog. Dickenverhältnis $\frac{h_1}{2r}$ einen Einfluß auf die Voreilung ausübt (s.Abschn.221), wurden die Schaubilder für drei verschiedene Dickenverhältnisse nebeneinandergezeichnet. Bei unseren

Profilwalzversuchen lag das Dickenverhältnis für den 1., 3. und 4.Stich zwischen den Werten der Schaubilder a und b, für den 2. Stich zwischen den Werten der Schaubilder b und c.

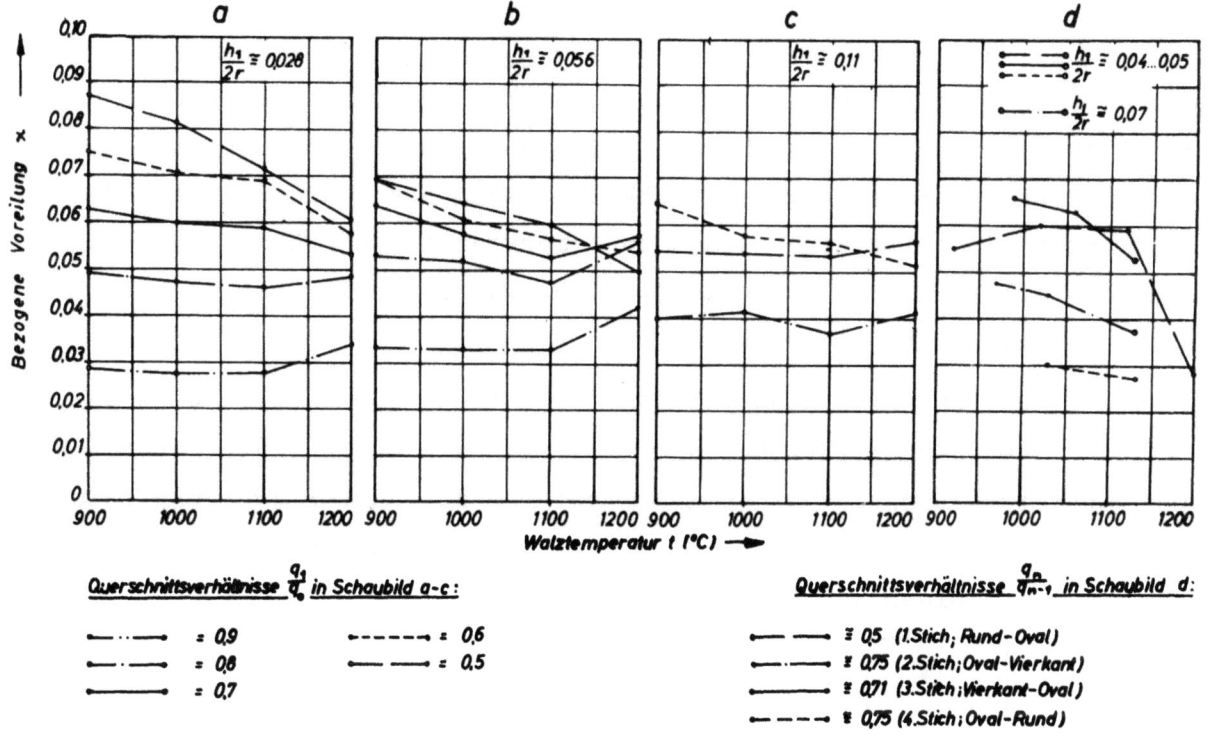

Abbildung 50

Die bezogene Voreilung beim Walzen von C 45 zwischen zylindrischen Walzen (Schaubilder a - c) [nach 40] und beim Profilwalzen von St 60.11
(Schaubild d)

Ein Vergleich der Kurven zeigt, daß die bezogene Voreilung bei allen Stichen, mit Ausnahme des 3. (Ovalgravur), unter den von LUEG und POMP [40] für zylindrische Walzen gefundenen Werten liegt. Die Abweichung beträgt beim

        1. Stich   (Ovalgravur)   rd. - 20 %

        2. Stich   (Vierkantgravur) rd. - 20 %

        3. Stich   (Ovalgravur)   rd. + 10 %

        4. Stich   (Rundgravur)   rd. - 45 %

Bemerkenswert ist der starke Abfall der Voreilung zwischen 1120 und 1200°C beim ersten Stich; er läßt auf einen erheblichen Rückgang der Reibung schließen, denn auch das Breitungsverhältnis zeigt hier einen ähnlichen Verlauf (s.Abb.52). Fast sämtliche Vergleichskurven haben ebenfalls bei 1100° C einen Wendepunkt und zwar derart, daß die Voreilung bei den großen Querschnittsabnahmen stärker abfällt, bei den kleineren dagegen wieder ansteigt. Offensichtlich tritt oberhalb 1100° C eine wesentliche Änderung der Reibungsverhältnisse ein.

Der obige Vergleich zeigt uns, daß der nach den Ausführungen in Abschnitt 223 für das Walzen in Gravuren erwartete Rückgang der bezogenen Voreilung, gegenüber der Voreilung bei zylindrischen Walzen, tatsächlich festzustellen ist; er betrug hier durchschnittlich 20 %. Die Vermutung, daß sich der Rückgang der Voreilung bei verhältnismäßig hohen und schmalen Gravuren stärker als bei flachen Gravuren bemerkbar machen würde, bestätigte sich nur teilweise, nämlich beim 4.Stich, während beim 2.Stich kein außergewöhnlicher Rückgang erfolgte.

Für den praktischen Gebrauch ist die Darstellung der Voreilung in Abhängigkeit vom Querschnittsverhältnis günstiger als in Abhängigkeit von der Walztemperatur. Deshalb wurden die mittleren Kurven für zwei von LUEG und POMP [40] untersuchte Stähle in Abbildung 51 zusammengestellt. Die Stähle hatten folgende Zusammensetzung:

Stahlsorte	C %	Si %	Mn %	P %	S %	Cr %
1) ~ C 35	0,28	0,22	0,50	0,009	0,011	0,24
2) C 45	0,43	0,28	0,68	0,011	0,017	0,03

(Die Abweichungen zwischen den Kurven beider Stahlsorten für Temperaturen über 900° C waren so gering, daß sie ohne weiteres durch mittlere Kurven ersetzt werden konnten.) In das Schaubild b für das Dickenverhältnis 0,056 wurden die Meßwerte der Profilwalzversuche eingetragen.

Die Meßergebnisse des Breitungsverhältnisses sind in Abbildung 52 dargestellt. Die Kurven haben einen sehr ähnlichen Verlauf wie die der Voreilung (Abb.50) und sind lediglich in der Höhe gegeneinander verschoben, was durch die verschiedenen Profilformen bedingt ist. Die Ähnlichkeit der Kurven zeigt deutlich den engen Zusammenhang zwischen Voreilung und Breitung.

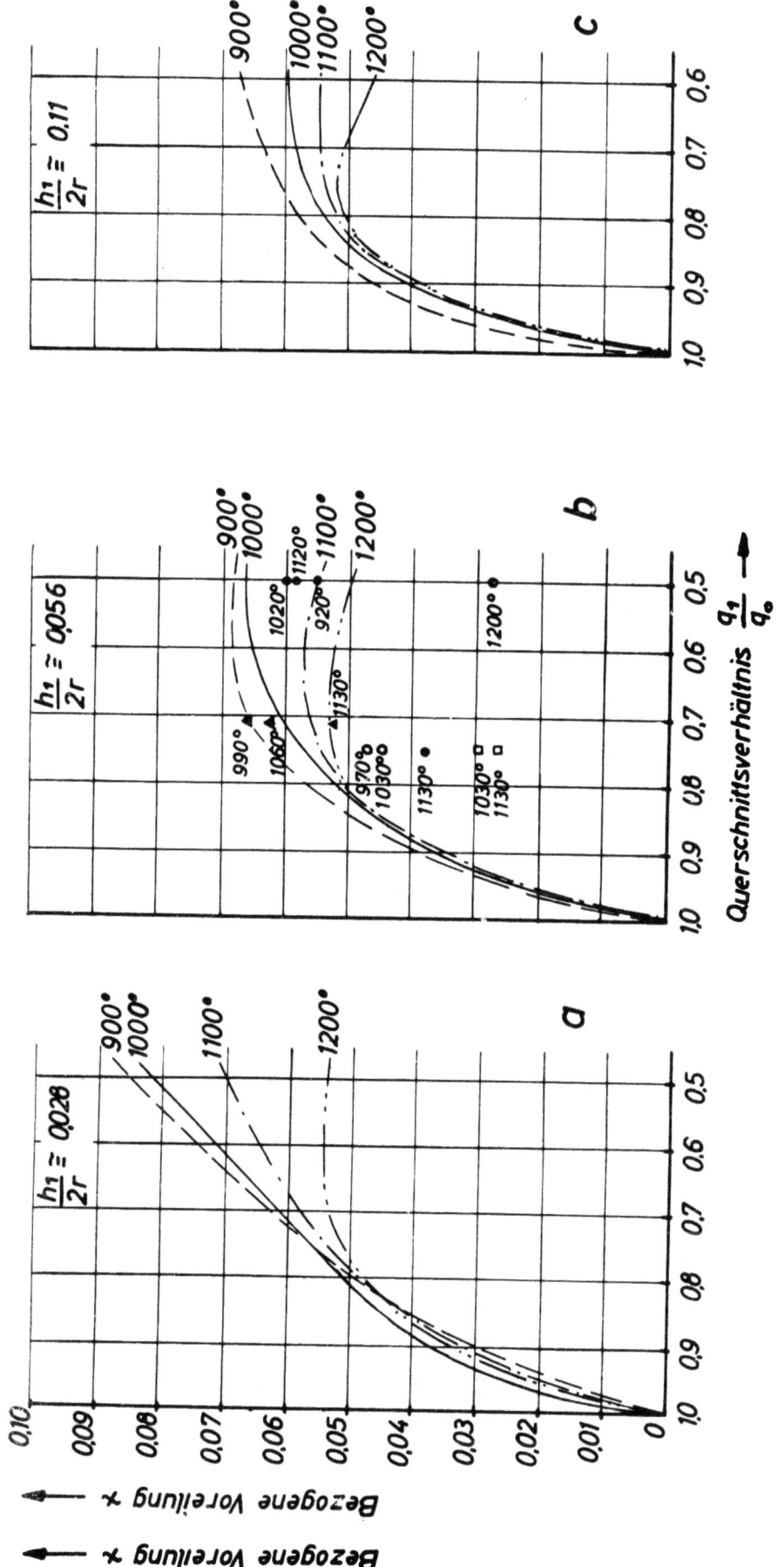

Abbildung 51

Die bezogene Voreilung von mittelharten C-Stählen in Abhängigkeit vom Querschnittsverhältnis (Mittelwerte für C 35 und C 45 nach [40]). In Schaubild b sind die Meßpunkte der bezogenen Voreilung bei den Profilwalzversuchen mit St 60.11 eingetragen

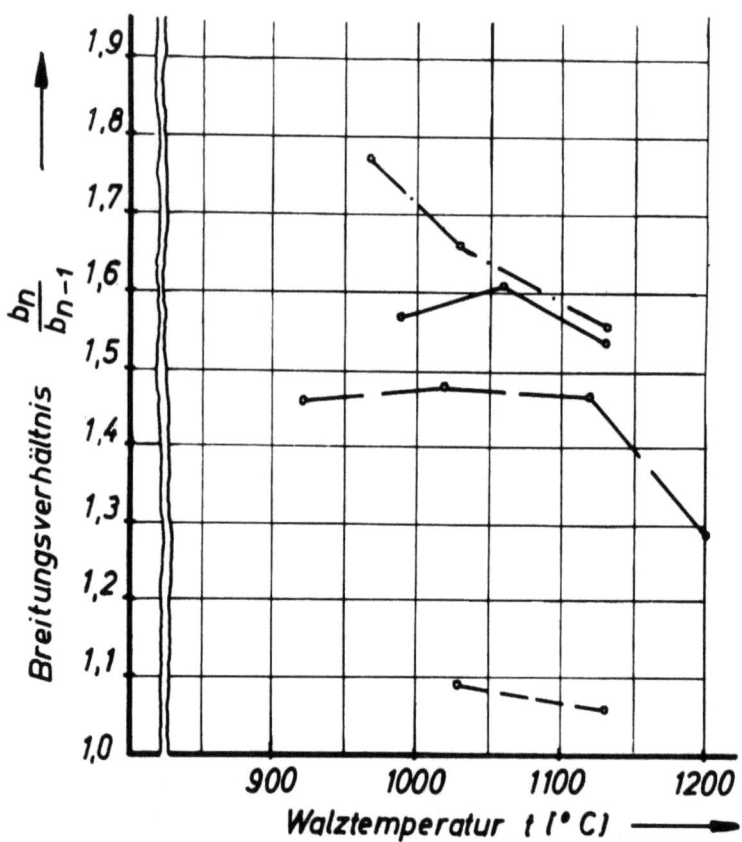

A b b i l d u n g   52

Das Breitungsverhältnis beim Walzen von Profilen aus St 60.11

Querschnittsverhältnis $\dfrac{q_n}{q_{n-1}}$

o———o ≅ 0,5 (1.Stich; Rund-Oval)
o—·—o ≅ 0,75(2.Stich; Oval-Vierkant)
o———o ≅ 0,71(3.Stich; Vierkant-Oval)
o— — —o ≅ 0,75(4.Stich; Oval-Rund)

Für die Praxis ist der Wärmeverlust beim Walzen von großer Bedeutung, denn die Zwischenform soll nach dem Walzen ohne Nachwärmen fertiggeschmiedet werden. Wenn auch die Temperaturmessungen mit dem Teilstrahlungspyrometer nicht mit großer Genauigkeit durchgeführt werden konnten, so geben die Mittelwerte doch einen genügenden Überblick über den Temperaturverlauf während des Walzens (Abb.52). Übereinstimmend zeigte sich, daß die Temperaturabnahme nach 4 Stichen nicht mehr als etwa 100° C beträgt. Beim zweiten Stich trat sogar eine Temperatursteigerung ein, obwohl die Querschnittsabnahme nur halb so groß wie beim ersten Stich war. Sie ist offensichtlich auf die starke Änderung der Querschnittsform, nämlich das Stauchen des Ovals zum Vierkant zurückzuführen. In der praktischen Fertigung dürfte der Wärmeverlust mit zunehmender Erwärmung der Walzwerkzeuge

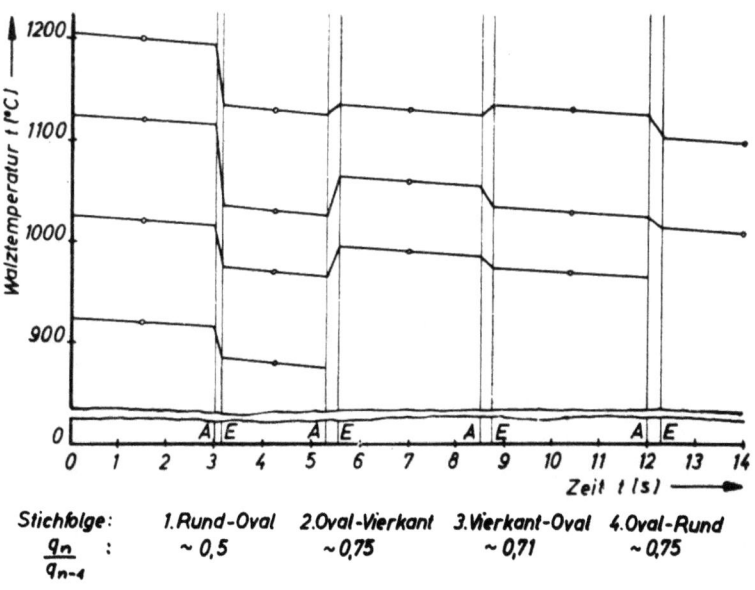

Abbildung 53

Temperaturverlauf während der Stichfolge

noch geringer werden; außerdem sind dort die Stichfolgezeiten häufig wesentlich kürzer als 3 Sekunden.

Wie schon im Abschnitt 231 ausgeführt wurde, ergaben die Versuche, daß die von EMICKE [37] empfohlenen Streckovale für das Reckwalzen zu breit sind. Die Ovalgravuren wurden nicht ausgefüllt und der Werkstoff streckte sich stärker als erwartet. Die Maße für die Ovalgravuren in Abbildung 42 wurden daher entsprechend geändert.

314 Versuche mit Modellwerkstoffen

Neben den Walzversuchen mit Stahl führten wir solche mit Rein-Blei und Plastilin durch um festzustellen, ob diese Werkstoffe für Modellversuche geeignet sind. Bei den Versuchen mit Plastilin wurden Modelle und Werkzeuge reichlich mit Talkum eingestaubt, um die Reibung zu verringern. Die Ergebnisse gehen aus Tabelle 2 hervor; zum Vergleich wurden auch die Werte für St 60.11 eingetragen.

Die Voreilung und Breitung von Blei entsprechen verhältnismäßig gut den Werten von Stahl St 60.11 und zwar insbesondere bei einer Walztemperatur von 1120 [$^\circ$C]. Es muß jedoch beachtet werden, daß die Bleimodelle bei Raumtemperatur gewalzt werden und keine Wärmeausdehnung aufweisen; die Abmessungen der Bleimodelle weichen daher um das Schrumpfmaß von denen der Werkstücke aus Stahl ab. Abgesehen von diesen Maßabweichungen ist

Tabelle 2

Bezogene Voreilung und Breitungsverhältnis beim Profilwalzen von Blei und Plastilin

Profil-folge	$\dfrac{q_n}{q_{n-1}}$	Bezogene Voreilung X				Breitungsverh. $\dfrac{b_n}{b_{n-1}}$			
		St 60.11 1200°C	St 60.11 1120°C	Blei	Plastilin	St 60.11 1200°C	St 60.11 1120°C	Blei	Plastil
1. Stich Rund-Oval	~0,5	0,028	0,059	0,040	0,034	1,29	1,47	1,50	-
2. Stich Oval-Vierkant	~0,75	0,0375	0,045	0,050	0,036	1,56	1,66	1,57	-
3. Stich Vierkant-Oval	~0,71	0,053	0,063	0,064	0,048	1,54	1,61	1,53	-
4. Stich Oval-Rund	~0,75	0,027	0,030	0,033	-	1,06	1,09	1,07	-

Weichblei jedoch als Modellwerkstoff gut brauchbar und wir benutzten es häufig zur Erprobung der Werkzeuge. Plastilin erwies sich dagegen als weniger geeignet, hauptsächlich deshalb, weil die Werkstückquerschnitte zu klein waren und die Modellkörper sich verbogen. Die Voreilung ist etwas kleiner als bei Stahl, die Breitung dagegen größer; sie ließ sich nicht einwandfrei messen, weil durch die Verbiegung der Modelle Grat entstand.

Aufschluß über den Werkstofffluß innerhalb des Werkstückes erhielten wir durch geteilte Bleistäbe, auf deren Trennungsfläche ein Gitternetz eingeritzt wurde. An einem Ende wurden die Modellhälften miteinander verschweißt. In Abbildung 54 ist an der Krümmung der senkrechten Gitterlinien die bekannte Erscheinung festzustellen, daß der Werkstoff infolge der Reibung außen stärker in Walzrichtung mitgenommen wurde, als in der Mitte des Querschnittes [35].

Im Gegensatz zum ungestörten konkaven Verlauf der Gitterlinien in Strecken gleichbleibenden Querschnittes sind diese bei Übergängen von großen zu kleinen Querschnitten entgegen der Walzrichtung gesehen, konvex gekrümmt (Gitterlinien a und b). Hier eilt der Werkstoff in der Mitte

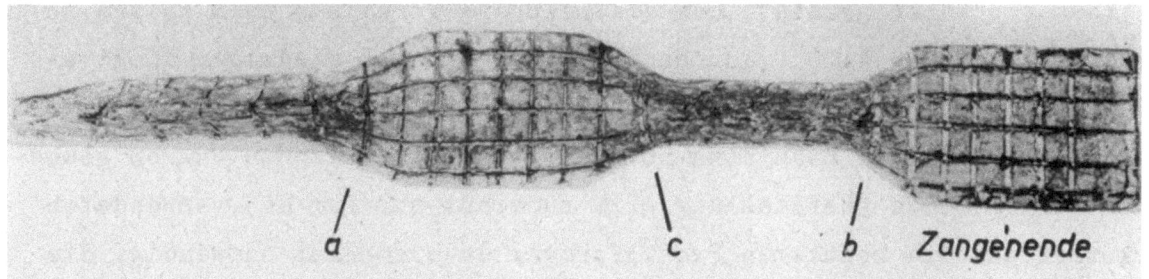

Abbildung 54

Werkstofffluß in einem geteilten Walzprofil aus Blei

voraus, während er außen durch die Reibung mit der Walzenoberfläche zurückgehalten wird. Zwischen diesem Bereich und dem nachfolgenden mit gleichbleibendem Querschnitt entsteht somit eine Längsdehnung, die bei schroffen Querschnittsübergängen zu einer erheblichen Querschrumpfung des Werkstoffes in der Tangentialebene führt (Abb.55), so daß die Gravur nicht ausgefüllt wird. Umgekehrt entsteht bei Übergängen von kleinen zu großen Querschnitten (Gitterlinie c) eine Stauung des Werkstoffes, die u.U. eine Überfüllung der Gravur und damit die Bildung von Grat verursacht. Diese Erscheinungen machten sich in der Praxis häufig unangenehm bemerkbar, ohne daß bisher eine Erklärung dafür gefunden worden war. Die sog. Halsbildung trat besonders an den Übergängen vom Zangenende zum ausgewalzten Profil auf, weil hier aus Gründen der Werkstoffersparnis oft ein sehr schroffer Querschnittsübergang vorgesehen wurde.

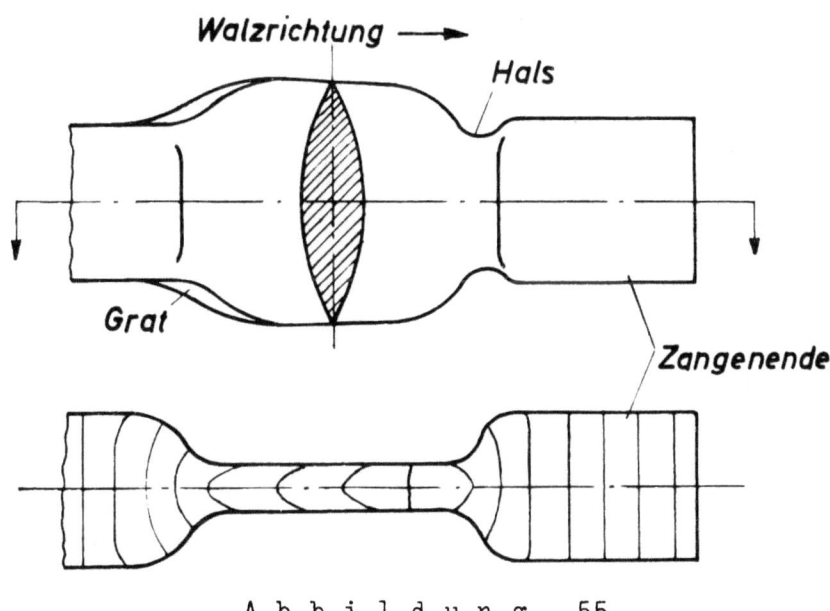

Abbildung 55

Hals- und Gratbildung durch schroffe Querschnittsübergänge

315 Die Nutzanwendung der Versuchsergebnisse

Die Versuche haben gezeigt, daß die bezogene Voreilung beim Walzen in Gravuren unterhalb 1100°C durchschnittlich um 20 % niedriger liegt als bei zylindrischen Walzen; oberhalb 1100°C nimmt sie stärker ab und beträgt bei 1200°C nur noch etwa 50 % der bei zylindrischen Walzen gemessenen Werte. Diese Feststellung gilt zunächst nur für den verwendeten Werkstoff und die benutzten Profilformen; es erscheint notwendig, die Ermittlung der Voreilung auf einige weitere Profilformen und Werkstoffe auszudehnen. Auf Grund der Versuchsergebnisse von LUEG und POMP [40] darf jedoch angenommen werden, daß die gefundenen Verhältnisse für die mittelharten C-Stähle, die sehr häufig für Gesenkschmiedestücke verwendet werden, allgemein zutreffen. Die sich durch die Abweichungen der bezogenen Voreilung bei den verschiedenen Profilformen ergebende Ungenauigkeit spielt für das Reckwalzen von Zwischenformen praktisch keine Rolle, denn sie beträgt nicht mehr als etwa ± 1 % der Länge des Profilabschnittes. Die Schrumpfung des Werkstoffes muß jedoch berücksichtigt werden; wie aus Abbildung 44 hervorgeht, kann sie schon bei weichen und mittelharten C-Stählen bis auf etwa 2 % der Werkstücklänge, bei legierten Stählen sogar bis auf 2,4 % ansteigen.

Der Wärmeverlust beim Reckwalzen ist so gering, daß die Werkstücke ohne Nachwärmen fertig geschmiedet werden können. Je höher die Ausgangstemperatur gewählt wird, umso niedriger ist der Werkzeugverschleiß. Durch hohe Ausgangstemperaturen wird außerdem erreicht, daß Voreilung und Breitung klein bleiben. Abbildung 56 zeigt dies sehr deutlich an zwei Beispielen, die bei gleicher Ausgangsform und Werkstoffmenge bei Temperaturen von 920 und 1200°C gewalzt wurden. Das kältere Werkstück 1 ist wesentlich kürzer als Werkstück 2; der am Ende fehlende Werkstoff ist in die Breite verdrängt worden. An den Körnermarken ist zu erkennen, daß außerdem die Voreilung bei Werkstück 2 erheblich kleiner war als bei 1.

Als Modellwerkstoff hat sich Weichblei besonders bewährt. Voreilung und Breitung entsprechen den Werten von St 60.11 bei den üblichen Walztemperaturen zwischen 1100 und 1200°C. Plastilin eignet sich dagegen nur für Modelle mit größeren Querschnitten; außerdem weichen Voreilung und Breitung von den Werten für Stahl ab.

Die Versuche zeigten ferner, daß die Profilfolge Vierkant-Oval-Vierkant die an sie gestellten Erwartungen erfüllt. Zu beachten ist, daß die Querschnittsübergänge nicht zu scharf ausgeführt werden, einmal um Fehler durch Schwankungen der Voreilung und Breitung auszuschalten, zum anderen um die Halsbildung und Werkstoffstauung an den Übergangsstellen zu vermeiden.

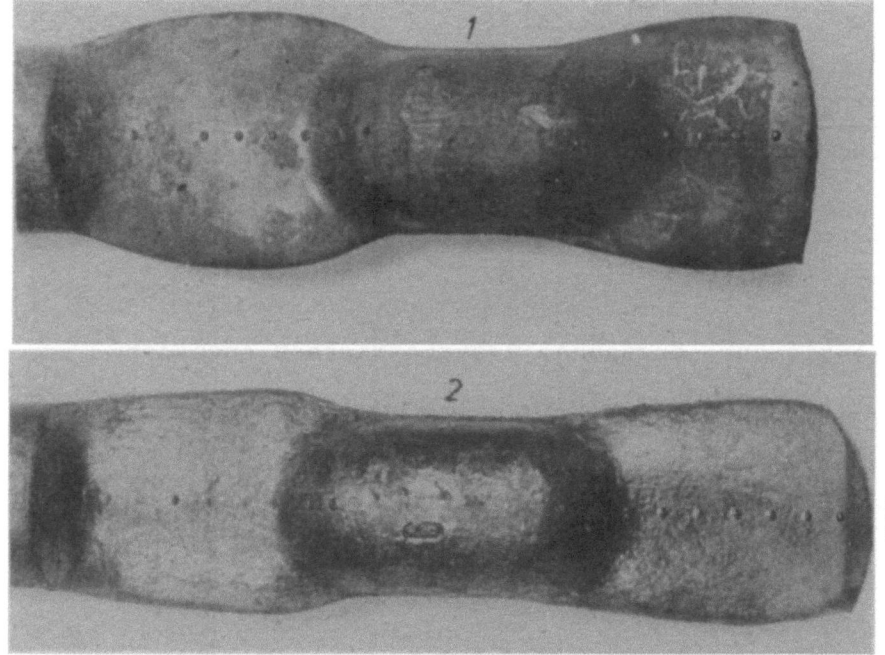

◄—— Walzrichtung

Walz-temp. °C	Bezog. Voreilung	Breitungs-verh. $\frac{b_1}{b_0}$
920	0,055	1,46
1200	0,028	1,29

A b b i l d u n g   56

Der Einfluß der Walztemperatur auf Voreilung und Breitung zweier Werkstücke mit gleicher Ausgangsform und Werkstoffmenge

32 Walzversuche an einer Zwischenform mit zur Längsachse unsymmetrischen Ansätzen

(Abb.40, Grundform 314)

In Abschnitt 232 wurden zwei Möglichkeiten zum Walzen von Werkstücken mit unsymmetrisch zur Längsachse angeordneten Nebenformelementen besprochen. Das eine der beiden Verfahren wird bereits in der Praxis benutzt; für das zweite liegen dagegen noch keine Erfahrungen vor. Wir stellten uns daher die Aufgabe, die unsymmetrisch zur Hauptachse eines Werkstückes liegenden Ansätze gleich vom ersten Stich an zu formen [43].

Eine derartige Zwischenform erfordert das in Abbildung 57 dargestellte Gesenkschmiedestück einer Hebelwelle. Von Anfang an stand fest, daß es nicht möglich sein würde, die Ansätze in voller Höhe zu walzen. Wir beschränkten uns daher auf eine solche Massenverteilung, bei der in den zu walzenden Ansätzen soviel Werkstoff enthalten war, daß sie im Querschnittsvorbildungs- bzw. Endwerkzeug vollständig ausgeschmiedet werden konnten. Abbildung 58 zeigt diese Massenverteilungs-Zwischenform.

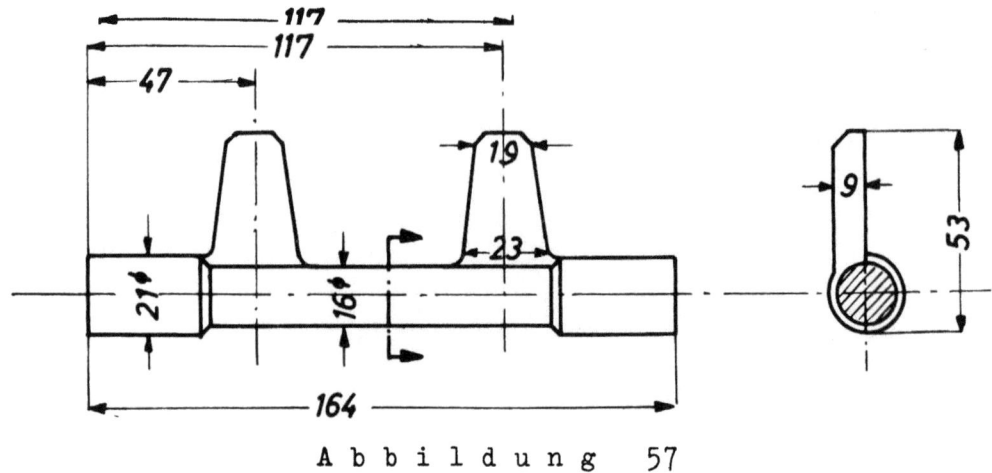

Abbildung 57

Endform einer Hebelwelle mit zur Längsachse unsymmetrischen Ansätzen
(Grundform 314)

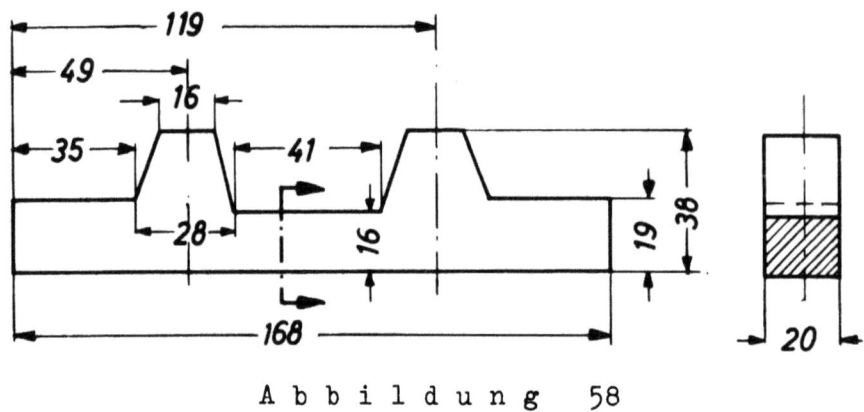

Abbildung 58

Massenverteilungs-Zwischenform für Hebelwelle nach Abbildung 57

321 Vorversuche mit Plastilin

Durch die Vorversuche mit Plastilin sollten folgende Fragen geklärt werden:

1. Kann Plastilin als Modellwerkstoff verwendet werden und welche Versuchsbedingungen müssen eingehalten werden?
2. Wieviel Stiche sind erforderlich und welche Querschnittsabnahmen lassen sich erreichen, ohne daß sich Grat bildet?
3. Welches ist die walztechnisch günstigste Form für die Ansätze des Werkstückes?

Hinsichtlich der Eignung von Plastilin als Modellwerkstoff kamen wir zu etwas besseren Ergebnissen als bei den im Abschnitt 314 beschriebenen Versuchen, weil die Werkstückquerschnitte größer waren und die Modelle sich nicht so stark verbogen. Die größere Breitung des Plastilins hatte den Vorteil, daß, wenn beim Modellwalzen kein Grat entstand, mit Sicherheit damit gerechnet werden konnte, daß auch beim Walzen von Stahl keine Gratbildung auftreten würde.

Für die Modellversuche benutzten wir ein hölzernes Segmentpaar mit nur je einer Gravur und walzten mit einer Profilfolge Rechtkant - Rechtkant. Die Seitenwände der Gravuren erhielten eine Neigung von 1:15. Nachdem wir die Zwischenform zunächst in 4 Stichen gewalzt hatten (Abb.59), ergab sich später, daß die gewünschte Querschnittsverringerung auch in 3 Stichen zu erreichen ist.

Bei den Versuchen zur Erprobung der günstigsten Kopfform stellten wir fest, daß die besten Ergebnisse mit Gravuren erzielt werden, bei denen die Flanken der Hohlräume in radialer Richtung eingearbeitet wurden. Durch das Abwälzen der geradlinigen Gravurflanken erhielten die Flanken der Ansätze eine Evolventenform (Abb.59). Die Ergebnisse der Vorversuche waren sehr aufschlußreich und ersparten Zeit und Aufwand bei der Entwicklung der Walzwerkzeuge für Stahl.

A b b i l d u n g   59

Stichfolge bei Modellversuchen mit Plastilin

322 Walzversuche mit Stahl

Die Gravuren für das Walzen von Stahl wurden auf Grund einer sorgfältigen Massenberechnung entworfen; wir begannen mit der letzten Gravur und gingen von dort aus rückwärts. Die drei im Vorversuch ermittelten Stiche dienten dem Walzen der Ansätze, zwei weitere waren zur Beseitigung der Breitung erforderlich; für den letzteren Vorgang genügte ein Segmentpaar mit glatten Walzbahnen. Die Rundungen der Gravurkanten wurden sehr klein gehalten um festzustellen, wie sich der Einfluß scharfer Kanten bemerkbar macht.

Die Breitung des Werkstoffes entsprach den Werten der von SIEBEL [39] angegebenen Näherungsformel (s.Abschn.232, Gl.(7)). Beim ersten Stich trat die volle Breitung allerdings nur in der Nähe der gedrückten Flächen auf, weil der Ausgangsquerschnitt verhältnismäßig hoch war. Ein kleiner Grat, der sich beim zweiten Stich bildete, konnte durch Vergrößerung der Neigung der Gravurwände von 1:20 auf 1:10 vermieden werden.

Nach dem zweiten Stich folgte ein Flachwalzstich, mit dem die Breitung der beiden ersten Stiche wieder beseitigt wurde. Die hierbei infolge der zur Tangentialebene ungleichen Massenverteilung auftretende Krümmung des Werkstückes wurde durch eine Führungsschiene am Walzeneingang fast völlig beseitigt.

Der vierte Stich ergab die gewünschte Zwischenform; um auch die hierbei noch verbliebene Breitung zu beseitigen, wurde ein weiterer Flachwalzstich angeschlossen. Abbildung 60 zeigt die gesamte Stichfolge, während in Abbildung 61 ein Längsschliff der Zwischenform dargestellt ist, der den Faserverlauf deutlich erkennen läßt.

A b b i l d u n g   60

Stichfolge für die Zwischenform Z_M der Hebelwelle nach Abbildung 57

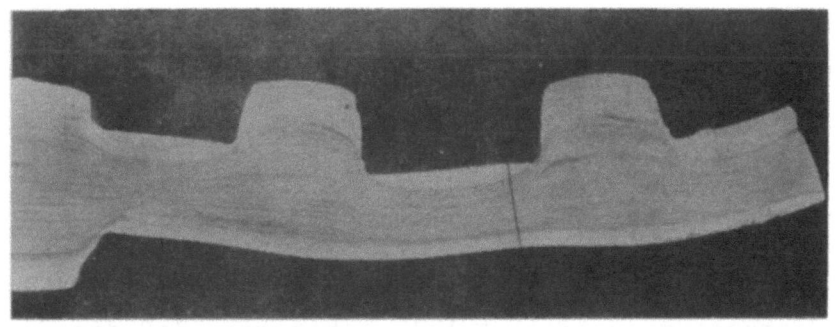

Abbildung 61

Faserverlauf in der gewalzten Zwischenform

Selbstverständlich mußten beim Walzen eines derart schwierigen Profiles die Walztemperaturen sorgfältig eingehalten und die Stücke genau in die Gravuren eingelegt werden. Dies läßt sich dadurch erleichtern, daß die Segmente eine Einfräsung erhalten, in die das Zangenmaul genau paßt. Hierdurch erhält das Werkstück eine bessere Führung als wenn die Zange nur mit der Vorderkante anschlägt (s.Abb.34).

Die vorgesehene Höhe der Köpfe von 38 [mm] konnte nicht eingehalten werden; obwohl der Werkstoff an diesen Stellen nicht gedrückt wurde, betrug sie nur etwa 33 [mm]. Dies ist in erster Linie auf die kleinen Rundungshalbmesser der Kanten zurückzuführen, die es begünstigen, daß die benachbarten, stärker umgeformten Abschnitte Werkstoff aus den Köpfen mitziehen. Wie das Schliffbild zeigt, wurde in den oberen Teilen der Ansätze sogar die Faser abgetrennt (Abb.61). Bei größeren Rundungshalbmessern treten diese Erscheinungen jedoch nicht auf (s.Abschn.314).

Die Versuche haben bewiesen, daß es bei sorgfältigem Entwurf der Werkzeuge und genauer Einhaltung der Walzbedingungen möglich ist, verhältnismäßig hohe und schmale, unsymmetrische Ansätze an Zwischenformen unmittelbar zu walzen, ohne Werkstoff durchsetzen zu müssen.

33 Zusammenfassung zu Abschnitt 3

Eigene Walzversuche an zwei verschiedenen Zwischenformen dienten zur Vervollständigung der früher gewonnenen Erkenntnisse hinsichtlich des Werkstoffverhaltens beim Walzen und der sich daraus ergebenden Folgerungen für die Gestaltung der Werkzeuge. Durch Messungen konnten die Vermutungen in bezug auf die Größe der Voreilung beim Walzen in Gravuren und auf den Zusammenhang zwischen Voreilung und Breitung bestätigt werden. Aus der Feststellung einer starken Abhängigkeit zwischen Voreilung und Breitung einerseits und der Werkstücktemperatur andererseits ergab sich die Forderung nach genauer Einhaltung der Temperatur. Hohe Temperaturen haben geringe Voreilung und Breitung zur Folge, außerdem tragen sie zur Verringerung des Gesenkverschleißes bei.

Zum Walzen der ersten Zwischenform wurde die bekannte Streckkaliberfolge Vierkant-Oval-Vierkant verwendet, wobei sich ergab, daß die Ovalgravuren andere Abmessungen erhalten müssen als die zum Formwalzen von Stabstahl verwendeten Kaliber. Die unsymmetrisch zur Längsachse liegenden Ansätze der zweiten Zwischenform konnten bei einiger Sorgfalt unmittelbar ohne Durchsetzen von Werkstoff geformt werden.

Bei Modellversuchen mit Blei und Plastilin erwies sich das erstere als recht gut geeignet, während die Modelleigenschaften des Plastilins weniger befriedigten; immerhin ergaben auch die Versuche mit Plastilin auf billige Weise nützliche Fingerzeige für die Werkzeuggestaltung.

4 Gesamt-Übersicht

Zwischen Ausgangsform (Rohling) und Endform eines Gesenkschmiedestückes werden zur stufenweisen Herstellung häufig Zwischenformen notwendig. Ihre Gestaltung ist eine rein fertigungstechnische Aufgabe.

Zunächst versucht man, die Endform dem bearbeiteten Fertigteil, wie es der Konstrukteur vorschreibt, möglichst weitgehend anzupassen; dabei ist es mitunter zweckmäßig, vom Konstruktionsbüro gewisse Änderungen an der Fertigform vornehmen zu lassen, um eine wirtschaftlich herstellbare Schmiede-Endform zu erhalten. Von hier aus geht man rückwärts, folgt dem Bedürfnis nach Querschnittsvorbildung und Biegeformung, sodann der Notwendigkeit der Massenverteilung, um schließlich zu einem günstigen Rohling zu gelangen. Da dieser nicht beliebig ausfallen kann, weil aus wirtschaftlichen Gründen im allgemeinen nur runde, quadratische oder rechteckige Normalquerschnitte in Betracht kommen, so muß dieses Konstruieren der Zwischenformen gewissermaßen von beiden Seiten aus erfolgen.

Dazu kommt die Notwendigkeit, auf die wirtschaftliche Herstellung der Zwischenformen Rücksicht zu nehmen und es entsteht die Frage: Recken unter dem Hammer oder in der Walze. Die erstere dieser beiden Möglichkeiten ist jedem Schmiedefachmann geläufig. Im Gegensatz dazu ist das letztere Verfahren vielen noch fremd, zumal es ganz andere Überlegungen hinsichtlich des Zwischenformens verlangt. Da das Reckwalzen zudem in vielen Fällen das wirtschaftlichere Verfahren ist, so mußten zur Bewältigung der Aufgabe die scheinbar auseinanderliegenden Teilgebiete der Gestaltung der Zwischenformen und der Gesetzmäßigkeiten ihrer Herstellung durch Auswalzen untereinander verknüpft und gemeinsam gelöst werden.

Die erste Aufgabe fand ihre Lösung im Entwurf einer Formenordnung, der Dreigliederung Massenverteilung - Biegung - Querschnittsvorbildung, sowie der Anpassung des Rohlings nach Form und Werkstoffmenge. Lösungen zur zweiten Aufgabe wurden durch die Klärung der Fragen des Voreilens, Streckens und Breitens des Werkstoffes und durch die Durcharbeitung einiger Beispiele in Theorie, Modellversuch und Probewalzung aufgezeigt.

Dr.-Ing. Klaus SPIES

Literaturverzeichnis

[1] FISCHER, H.　　Die Werkzeugmaschinen
　　　　　　　　　　Springer-Verlag, Berlin 1900, Bd.1,
　　　　　　　　　　S.539-709

[2] FUCHS, O.　　　Theoretische und kinematographische Untersuchung von Dampfhämmern mit selbsttätiger Schiebersteuerung
　　　　　　　　　　Springer-Verlag, Berlin 1909

[3] KIENZLE, O.　　Bildsames Formen
　　　　　　　　　　Z.Industrielle Organisation 26 (1957)

[4] LANGE, K.　　　Die Arbeitsgenauigkeit beim Gesenkschmieden unter Hämmern
　　　　　　　　　　Diss. am Lehrstuhl für Werkzeugmaschinen, Techn.Hochschule Hannover 1953,
　　　　　　　　　　Gekürzte Fassung im Forschungsbericht Nr.98 des Wirtschafts- und Verkehrsministeriums Nordrhein-Westfalen.
　　　　　　　　　　Westdeutscher Verlag Köln und Opladen, 1954

[5] KIENZLE, O.　　Die Grundpfeiler der Fertigungstechnik
　　　　　　　　　　Werkstattstechnik und Maschinenbau 46 (1956) Nr.5, S.204/09

[6] ders.　　　　　Vorlesungen über Werkzeugmaschinen und Fertigungstechnik an der Techn.Hochschule Hannover

[7] HALLER, H.　　 Die Bedeutung der Kennzahlen und Kenngrade für die Kostenkontrolle in der Gesenkschmiede
　　　　　　　　　　Schmiedetechnische Mitteilungen 1950, Nr.2, S.2-28

[8] MORGENROTH, E.　Ermittlung des Einsatz und Kontingentgewichtes von Gesenkschmiedestücken aus Stahl
　　　　　　　　　　Werkstattblatt 180-182, Carl Hanser-Verlag München 1950.

[9] KRUSE, O.　　　Über den Einfluß des Gratgewichtes auf die technisch-wirtschaftlichen Kennziffern und Materialverbrauchsnormen von Gesenkschmiedeteilen aus Stahl
　　　　　　　　　　Fertigungstechnik 1954, Nr.4, S.156/59

[10] HALLER, H.　　 Die Bedeutung der Kennzahlen und Kenngrade für die Kostenkontrolle in der Gesenkschmiede
　　　　　　　　　　Schmiedetechnische Mitteilungen 1950, Nr.4, S.3-28 - Forts. von [7]

[11] NAUJOKS, W. und D.C. FABEL　Forging Handbook, 5.Auflage
　　　　　　　　　　American Society for Metals, Cleveland, Ohio, 1948

[12] BRUCHANOW, A.N. und A.W. REBELSKI — Gesenkschmieden und Warmpressen
Moskau 1952; Deutsche Übersetzung
Verlag Technik, Berlin 1955

[13] CHRSCHANOWSKI, S.N. — Planung von Großbetrieben
Verlag Technik, Berlin 1952

[14] SIEBEL, E. — Stand der wissenschaftlichen Erkenntnisse bei der Warmformgebung und dem Schmieden
Stahl und Eisen 76 (1956) Nr.7, S.393/97

[15] HALLER, H. — Einsatz der amerikanischen Gesenkschmiedemaschinen
Werkstatttechnik und Maschinenbau 44 (1954) Nr.8, S.406/09

[16] HUGHES, A. und D. VALLANCE — Forging Dies and Tools
Metal Treatment and Drop Forging XXIII (1956) Nr.127, S.135/43

[17] KAESSBERG, H. — Gesenkschmieden von Stahl, I.Teil, 3.Aufl.
Werkstattbücher Heft 31, Springer-Verlag Berlin 1950

[18] KIENZLE, O. — Verschleiß in Schmiedegesenken
Jahrbuch "Industrielle Rationalisierung 1954" Verkehrs- und Wirtschaftsverlag, Dortmund

[19] RAUHAUS, H. und P. GRÜNER — Untersuchungen über die Entstehung von Gesenkschmiedefehlern
Stahl und Eisen 70 (1950) Nr.7, S.253/64

[20] PATEK, P. — Materialzugaben zur Ermittlung des Ausgangsmaterials von Schmiedestücken
Betrieb und Fertigung 3 (1949) Nr.2, S.21/24

[21] — Die Werkstoffzugaben bei Gesenkschmiedestücken für Gratabfall und Zunder
Forschungsbericht Nr.30 der Forschungsstelle Gesenkschmieden, Hannover, 1952

[22] HALLER, H. und H. KAESSBERG — Kosten und Leistungsrechnung in der Gesenkschmiede
Schmiedeausschuß ADB-VDI, Hagen, 1952

[23] KAESSBERG, H. — Gewichtsbegriffe in der Schmiede
Schmiedetechnische Mitteilungen (1944) Nr. 7, S.590/93

[24] NÖTHE — Leistungssteigerung in der Herstellung von Gesenkschmiedestücken durch Wegfall oder Vereinfachen des Verformens
Schmiedetechnische Mitteilungen 2 (1944) Nr. 2, S.142/50

[25] DÖRGE, B. — Das Spaltverfahren im Schmiedebetrieb
Schmiedetechnische Mitteilungen 2 (1944), Nr.2, S.122/26

[26] VOIGTLÄNDER, O. Das Spalten von Schmiede-Flachstahl
Werkstattstechnik und Maschinenbau 42 (1952), Nr.4, S.139/40

[27] Induktives Wärmen für das Warmformen
VDI-Arbeitsblatt 5-3132, Juli 1953

[28] Stabstahl-Aufpreisliste Nr.2 der Lieferwerke der Bundesrepublik, 1.8.1954

[29] HANSEN, P. Entwicklung der Gesenkschmieden in den Vereinigten Staaten und in Deutschland
Stahl und Eisen 73 (1953) Nr.23, S.1473/79

[30] Ford Axles Forged from Rolled Uses
The Machinist (London), 25.1.1947, S.1689/93

[31] LASSEK, R. Die Entwicklung des periodischen Walzverfahrens und seine Anwendung für die Fahrzeugindustrie
Schmiedetechnische Mitteilungen (1944), Nr.8, S.713/20

[32] KIENZLE, O., K. LANGE und H. MEINERT Einfluß der Oberfläche auf das Verschleißverhalten von Schmiedegesenken
Forschungsbericht Nr.285 des Wirtschafts- und Verkehrsministeriums Nordrhein-Westfalen, Westdeutscher Verlag Köln und Opladen, 1956, Kurzfassung in Werkstattstechnik und Maschinenbau 46 (1956) Nr.6, S.313/19

[33] Technische Richtlinien für die Lieferung, Gestaltung und Herstellung von Schmiedestücken aus Stahl
(DIN 7520 - 7529)

[34] MASSEY, T.F. The Advantages of Forging Rolls
Metal Treatment and Drop Forging XXII (1955), Nr.114, S.99/101

[35] HOFF, H. und Th. DAHL Grundlagen des Walzverfahrens
Verlag Stahleisen, Düsseldorf, 1950

[36] dies. Walzen und Kalibrieren
Verlag Stahleisen, Düsseldorf, 1954

[37] EMICKE, O. Graphische Ermittlung von Vor- und Streckkalibern
Stahl und Eisen 52 (1932) Nr.21, S.505/11

[38] Betriebsanweisung und Anleitung zur Herstellung der Walzwerkzeuge für die Reckwalzen der Fa. Eumuco AG., Leverkusen

[39] SIEBEL, E. Grundlagen zur Berechnung des Kraft- und Arbeitsbedarfes beim Schmieden und Walzen
Stahl und Eisen 43 (1923), S.1295/98

[40] LUEG, W. und A. POMP — Die Bestimmung der Voreilung bei Warmwalzversuchen
Mitt. Kaiser-Wilhelm-Institut für Eisenforschung, Bd. XXI, Lieferung 10, Abh. 375, Verlag Stahleisen, Düsseldorf, 1939

[41] EPE, A. — Untersuchungen über das Walzen von Profilen mit wechselnder Querschnittsform und Querschnittsfläche
Diplomarbeit am Lehrstuhl für Werkzeugmaschinen und Umformtechnik der Techn. Hochschule Hannover, 1956

[42] ROTHE, R. — Höhere Mathematik für Mathematiker, Physiker und Ingenieure, Teil I
Teubner, Leipzig und Berlin, 1927

[43] WILLIKENS, D. — Das Walzen von Vorformen für Gesenkschmiedestücke
Diplomarbeit am Lehrstuhl für Werkzeugmaschinen und Umformtechnik der Techn. Hochschule Hannover, 1954

Anhang 1

Beispiele zur Formenordnung für Gesenkschmiedestücke

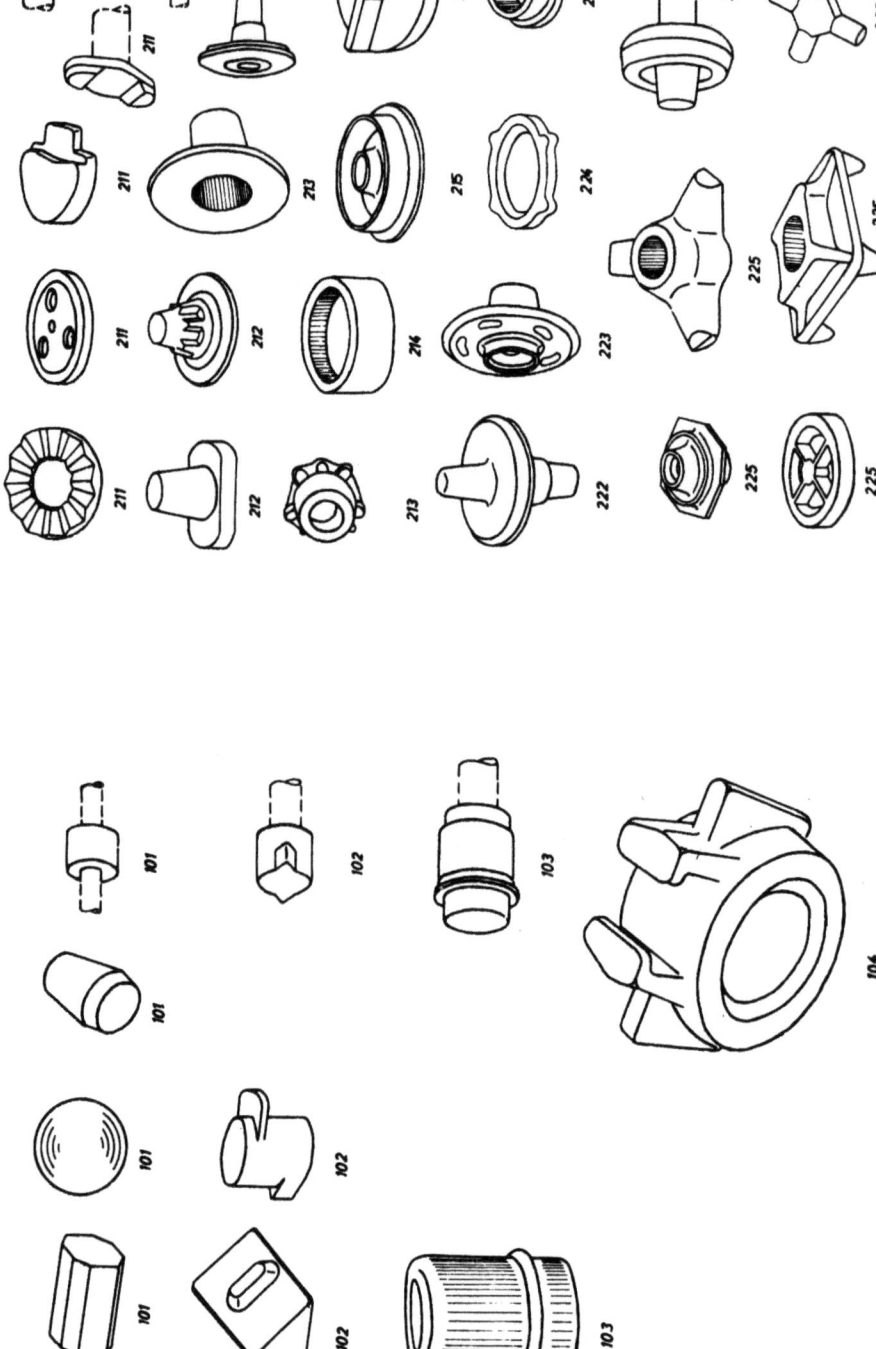

Formenklasse 2: Scheibenform

Formenklasse 1: Gedrungene Form

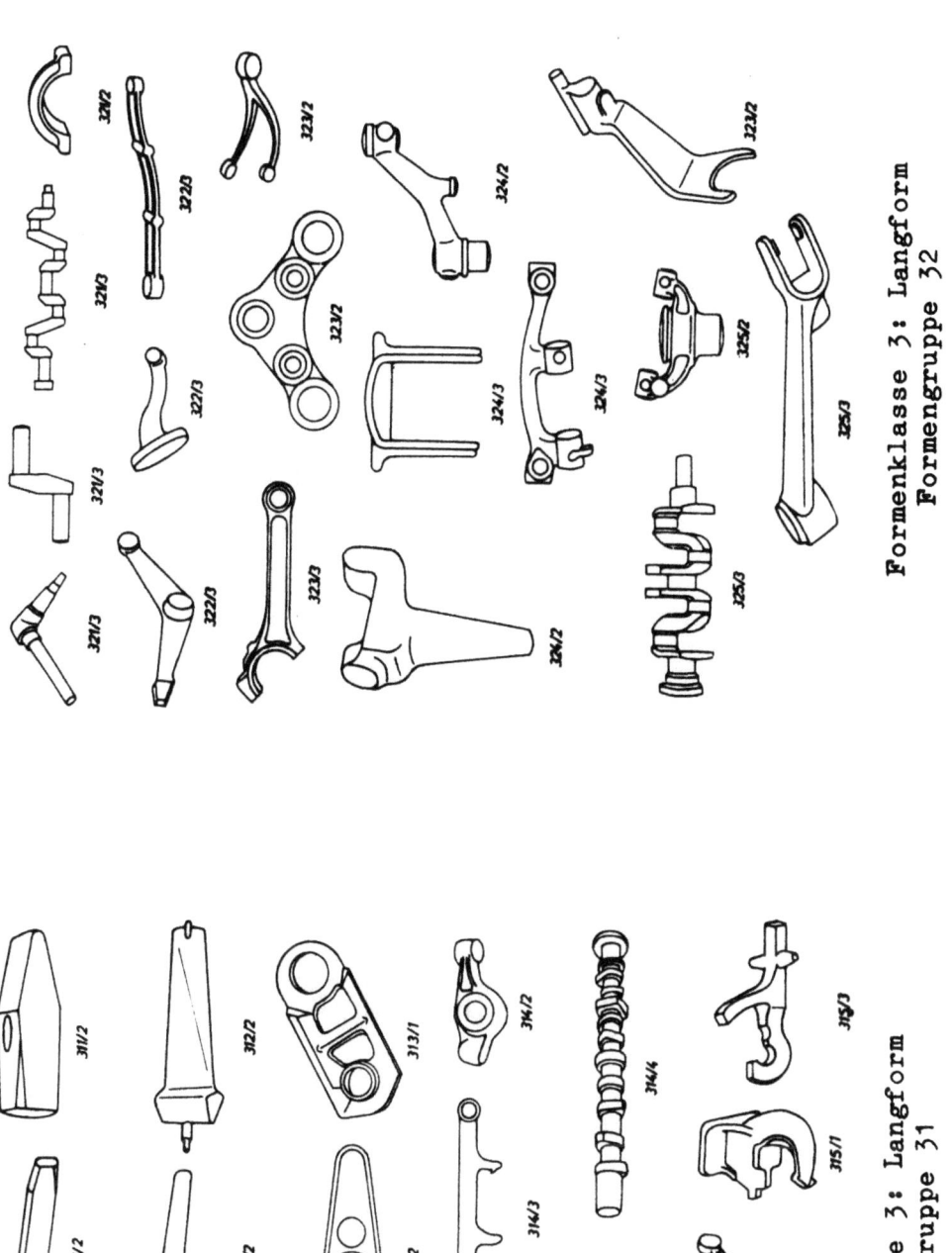

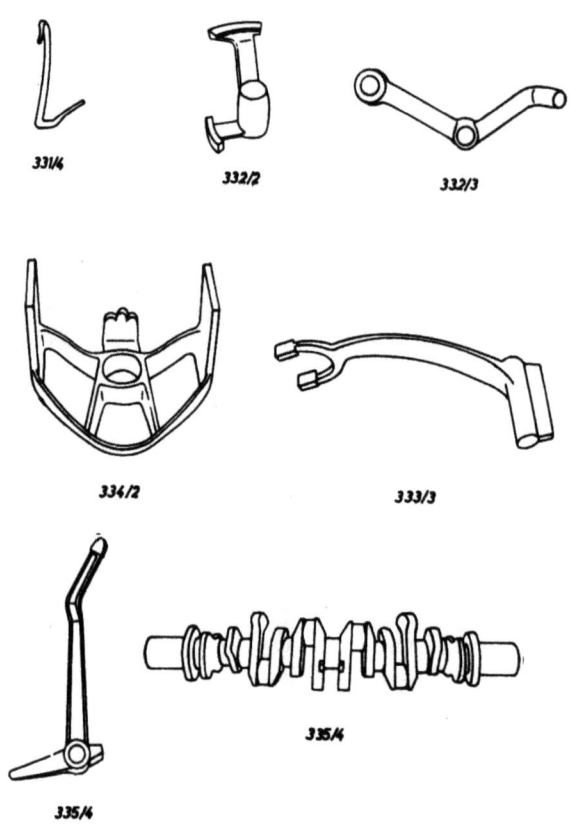

Formenklasse 3: Langform
Formengruppe 33

Anhang 2

Formenordnung für Gesenkschmiedestücke. Formenklasse 2. Runde Scheibenformen $l \approx b > h$

Anhang 3

Anleitung zur Benutzung des Schaubildes für die Streckkaliberreihe Vierkant - Oval - Vierkant. (Abb.42)

Das Schaubild dient zur Bestimmung der Kalibermaße und Querschnittsflächen der Streckkaliberreihe Vierkant (Rund)-Oval-Vierkant(Rund). Links neben dem Schaubild stehen die Gleichungen zur Prüfung der Tafelwerte, rechts sind die Querschnittsminderungsfaktoren angegeben.

Die eingezeichneten Grenzen der Querschnittsminderung gelten für Kohlenstoffstähle; bei legierten Stählen darf nicht bis zu diesen Grenzen vorgegangen werden, um eine Überbeanspruchung des Werkstoffes zu vermeiden. Auch beim Walzen von Kohlenstoffstählen sollte man bei den letzten Stichen oberhalb der Grenzen bleiben, damit die Werkstücke saubere Oberflächen behalten.

Beginnend mit dem Ausgangsquerschnitt in Leiter 11) bzw. 12) liest man an einer senkrechten Linie die Ovalhöhe und Ovalbreite in den Feldern 21) und 22), sowie die Vierkantseitenlänge in Feld 3) ab. Aus Leiter 41) ist der Ausgangsquerschnitt, aus Feld 42) der Ovalquerschnitt zu entnehmen. Der einmal gewählte Querschnittsminderungsfaktor $\frac{q_1}{q_0}$ muß in allen Feldern beibehalten werden. Ist der gewünschte Endquerschnitt nach zwei Stichen noch nicht erreicht, so beginnt man erneut in Leiter 11) und bestimmt die weiteren Stiche.

Beispiel:

Gegeben: Ausgangsquerschnitt $q_A = q_0 = 784 \, [mm^2]$; $a_0 = 28 \, [mm]$

Gewünscht: Zwischenformquerschnitt $q_Z = 144 \, [mm^2]$; $a_Z = 12 \, [mm]$

Lösung: Von $a_0 = 28 \, [mm\square]$ in Leiter 11) Senkrechte A-A zeichnen. In Feld 21) und 22) bei Querschnittsminderungsfaktor $\frac{q_1}{q_0} = 0{,}53$ ablesen:

1. Stich Oval $h_1 = 14{,}3 \, [mm]$; $b_1 = 42 \, [mm]$

2. Stich Vierkant $a_1 = 17{,}6 \, [mm]$ (aus Feld 3)

Mit $a_1 = 17{,}6 \, [mm]$ erneut in Leiter 11) beginnen; Senkrechte B-B zeichnen, geringere Querschnittsabnahme wählen ($\frac{q_1}{q_0} = 0{,}63$).

3. Stich   Oval $h_1 = 11,2$ [mm]; $b_1 = 24,8$ [mm].

   Ovalquerschnitt $q_1 = 195$ [mm^2] (aus Feld 42)

4. Stich   Vierkant $a_1 = a_z = 12$ [mm] (aus Feld 3).

FORSCHUNGSBERICHTE
DES LANDES NORDRHEIN-WESTFALEN

Herausgegeben durch das Kultusministerium

EISENVERARBEITENDE INDUSTRIE

HEFT 39
Forschungsgesellschaft Blechverarbeitung e. V., Düsseldorf
Untersuchungen an prägegemusterten und vorgelochten Blechen
1953, 46 Seiten, 34 Abb., DM 9,50

HEFT 43
Forschungsgesellschaft Blechverarbeitung e. V., Düsseldorf
Forschungsergebnisse über das Beizen von Blechen
1953, 48 Seiten, 38 Abb., 3 Tabellen, DM 11,30

HEFT 51
Verein zur Förderung von Forschungs- und Entwicklungsarbeiten in der Werkzeugindustrie e. V., Remscheid
Untersuchungen an Kreissägeblättern für Holz, Fehler- und Spannungsprüfverfahren
1953, 50 Seiten, 23 Abb., DM 10,—

HEFT 56
Forschungsgesellschaft Blechverarbeitung e. V., Düsseldorf
Untersuchungen über einige Probleme der Behandlung von Blechoberflächen
1954, 52 Seiten, 42 Abb., DM 11,20

HEFT 60
Forschungsgesellschaft Blechverarbeitung e. V., Düsseldorf
Untersuchungen über das Spritzlackieren im elektrostatischen Hochspannungsfeld
1954, 82 Seiten, 53 Abb., 7 Tabellen, DM 17,—

HEFT 61
Verein zur Förderung von Forschungs- und Entwicklungsarbeiten in der Werkzeugindustrie e. V., Remscheid
Schwingungs- und Arbeitsverhalten von Kreissägeblättern für Holz
1954, 54 Seiten, 31 Abb., DM 11,40

HEFT 65
Fachverband Schneidwarenindustrie, Solingen
Untersuchungen über das elektrolytische Polieren von Tafelmesserklingen aus rostfreiem Stahl
1954, 90 Seiten, 38 Abb., 9 Tabellen, DM 17,35

HEFT 87
Gemeinschaftsausschuß Verzinken, Düsseldorf
Untersuchungen über Güte von Verzinkungen
1954, 68 Seiten, 56 Abb., 3 Tabellen, DM 15,30

HEFT 98
Fachverband Gesenkschmieden, Hagen
Die Arbeitsgenauigkeit beim Gesenkschmieden unter Hämmern
1955, 132 Seiten, 55 Abb., 9 Tabellen, DM 24,75

HEFT 116
Prof. Dr.-Ing. E. Siebel und Dr.-Ing. H. Weiss, Stuttgart
Untersuchungen an einigen Problemen des Tiefziehens — I. Teil
1955, 74 Seiten, 50 Abb., 6 Tabellen, DM 14,50

HEFT 117
Dr.-Ing. H. Beißwänger, Stuttgart und Dr.-Ing. S. Schwandt, Trier
Untersuchungen an einigen Problemen des Tiefziehens — II. Teil
1955, 92 Seiten, 34 Abb., 8 Tabellen, DM 17,70

HEFT 150
Prof. Dr.-Ing. O. Kienzle und Dipl.-Ing. F. W. Timmerbeil, Hannover
Das Durchziehen enger Kragen an ebenen Fein- und Mittelblechen
1955, 52 Seiten, 20 Abb., 8 Tabellen, DM 11,30

HEFT 177
Dipl.-Ing. H. Stüdemann, Solingen und Dr.-Ing. W. Müchler, Essen
Entwicklung eines Verfahrens zur zahlenmäßigen Bestimmung der Schneideigenschaften von Messerklingen
1956, 104 Seiten, 68 Abb., 4 Tabellen, DM 22,20

HEFT 224
Dipl.-Ing. H. Stüdemann und Ing. R. Beu, Solingen
Verfahren zur Prüfung der Korrosionsbeständigkeit von Messerklingen aus rostfreiem Stahl
1956, 82 Seiten, 28 Abb., DM 16,90

HEFT 225
Dr.-Ing. E. Barz, Remscheid
Der Spannungszustand von Gattersägeblättern
1956, 74 Seiten, 54 Abb., DM 16,50

HEFT 277
Dr.-Ing. W. Müchler, Essen
Untersuchung und zahlenmäßige Bestimmung der Schneideigenschaften von Messern mit besonderer Berücksichtigung rostfreier Messerstähle
1956, 60 Seiten, 27 Abb., 5 Tabellen, DM 13,20

HEFT 283
Prof. Dr. F. Wever und Dr.-Ing. W. Lueg, Düsseldorf
Warmstauchversuche zur Ermittlung der Formänderungsfestigkeit von Gesenkschmiede-Stählen
1956, 44 Seiten, 19 Abb., DM 9,90

HEFT 285
Prof. Dr.-Ing. O. Kienzle, Dr.-Ing. K. Lange, Hannover und Dipl.-Ing. H. Meinert, Osterode
Einfluß der Oberfläche auf das Verschleißverhalten von Schmiedesenken
1956, 62 Seiten, 29 Abb., 8 Tabellen, DM 14,60

HEFT 286
Dr.-Ing. K. Lange, Hannover, Dipl.-Ing. H. Meinert, Osterode, unter Mitarbeit von Dr.-Ing. H. Arend, Mülheim (Ruhr)
Verschleißverhalten hartverchromter Schmiedegesenke
1956, 74 Seiten, 53 Abb., 6 Tabellen, DM 17,65

HEFT 321
Prof. Dr. F. Wever, Düsseldorf und Dr. W. Wepner, Köln
Gleichzeitige Bestimmung kleiner Kohlenstoff- und Stickstoffgehalte im a-Eisen durch Dämpfungsmessung
1956, 30 Seiten, 3 Abb., 4 Tabellen, DM 6,80

HEFT 322
Prof. Dr.-Ing. F. Bollenrath und Dipl.-Ing. W. Domke, Aachen
Eigenspannungen in vergüteten, dickwandigen Stahlzylindern nach Oberflächenhärtung mit induktiver Erwärmung
1956, 30 Seiten, 9 Abb., 2 Tabellen, DM 6,90

HEFT 360
Dr.-Ing. E. Barz, Remscheid
Fertigungsverfahren und Spannungsverlauf bei Kreissägeblättern für Holz
1957, 68 Seiten, 40 Abb., DM 17,—

HEFT 367
Dr. rer. nat. D. Horstmann, Düsseldorf
Der Angriff eisengesättigter Zinkschmelzen auf kohlenstoff-, schwefel- und phosphorhaltiges Eisen
1957, 52 Seiten, 22 Abb., 6 Tabellen, DM 12,85

HEFT 375
Technischer Überwachungsverein e. V., Essen
Wanddickenmessungen mittels radioaktiver Strahlen und Zählrohrgerät
1958, 38 Seiten, 15 Abb., DM 9,55

HEFT 376
Technischer Überwachungsverein e. V., Essen
Wasserumlaufprobleme an Hochdruckkesseln
1958, 140 Seiten, 56 Abb., 8 Tabellen, DM 32,60

HEFT 377
Technischer Überwachungsverein e. V., Essen
Versuche an Wanderrostkesseln mit befeuchteter Verbrennungsluft
1958, 36 Seiten, 19 Abb., 2 Tabellen, DM 12,20

HEFT 395
Dipl.-Ing. L. Hahn, Clausthal-Zellerfeld
Untersuchungen zur Frage des optimalen Bohrloch- und Patronendurchmessers
1957, 132 Seiten, 49 Abb., 19 Tabellen, DM 31,25

HEFT 445
Dr.-Ing. E. Barz, Remscheid
Fertigungs- und Prüfverfahren für Feilen
vergriffen

HEFT 447
Prof. Dr.-Ing. F. Bollenrath, Aachen, Dr.-Ing. H. Füllenbach, Seesen/Harz und Dipl.-Ing. J. Schumacher, Neubeckum/Westf.
Entwicklung rationell arbeitender Spritzkabinen
1958, 44 Seiten, 26 Abb., DM 13,55

HEFT 473
Prof. Dr. phil. F. Wever, Dr.-Ing. W. Lueg und Dipl.-Ing. P. Funke jr., Düsseldorf
Versuche an einer hydraulischen 25 t-Stangenziehbank
1957, 34 Seiten, 11 Abb., DM 8,95

HEFT 557
Dr.-Ing. H. Schiffers, Dipl.-Ing. D. Ammann, Dipl.-Ing. E. Brugger und Dipl.-Ing. R. Dicke, Aachen
Härtbarkeit von Gußeisen mit Lamellen- und Kugelgraphit in Abhängigkeit von Zusammensetzung und Gefüge
1958, 30 Seiten, 24 Abb., 1 Tabelle, DM 11,—

HEFT 630
Prof. Dr. phil. W. Koch und Dr. techn. Dipl.-Ing. H. Malissa, Düsseldorf
Beiträge zur Spurenanalyse im Reineisen
in Vorbereitung

HEFT 639
Prof. Dr.-Ing. habil. K. Krekeler, Dr.-Ing. H. Peukert und Dipl.-Ing. O. Schwarz, Aachen
Auswertung der in- und ausländischen Literatur auf dem Gebiete des Metallklebens
1958, 166 Seiten, DM 37,80

HEFT 655
Dr. rer. pol. A. Th. Wuppermann, Prof. Dr.-Ing. M. Pfender Reg.-Rat Dipl.-Ing. E. Amedick im Auftrage des Vereins Deutscher Eisenhüttenleute, Düsseldorf
Untersuchung des Einflusses von Oberflächenfehlern auf die Dauerhaltbarkeit von Kurbelwellen

HEFT 680
Prof. Dr. phil. W. Koch, Dr.-Ing. A. Krisch, Düsseldorf
Änderungen im Gefügeaufbau austenitischer Chrom-Nickel-Stähle bei Zeitstandversuchen von mehrjähriger Dauer
in Vorbereitung

HEFT 681
Prof. Dr.-Ing. H. Schenck, Dr.-Ing. W. Wenzel, Aachen
Die Reduktion von Eisenerzen im Elektro-Fließbett
in Vorbereitung

HEFT 693
Prof. Dr.-Ing. O. Kienzler, Düsseldorf
Einige Untersuchungen über das Schneiden von Blechen
in Vorbereitung

Ein Gesamtverzeichnis der Forschungsberichte, die folgende Gebiete umfassen, kann bei Bedarf vom Verlag angefordert werden:
Acetylen / Schweißtechnik – Arbeitspsychologie und -wissenschaft – Bau / Steine / Erden – Bergbau – Biologie – Chemie – Eisenverarbeitende Industrie – Elektrotechnik / Optik – Fahrzeugbau – Gasmotoren – Farbe / Papier / Photographie – Fertigung – Gaswirtschaft – Hüttenwesen – Werkstoffkunde – Luftfahrt / Flugwissenschaften – Maschinenbau – Medizin – Pharmakologie / Physiologie – NE-Metalle – Physik – Schall / Ultraschall – Schiffahrt – Textiltechnik / Faserforschung / Wäschereiforschung – Turbinen – Verkehr – Wirtschaftswissenschaften.

If you have any concerns about our products,
you can contact us on
ProductSafety@springernature.com

In case Publisher is established outside the EU,
the EU authorized representative is:
**Springer Nature Customer Service Center GmbH
Europaplatz 3, 69115 Heidelberg, Germany**

Printed by Libri Plureos GmbH
in Hamburg, Germany